网络关键设备
安全通用要求解读

周开波　张治兵◎主编

人民邮电出版社
北京

图书在版编目（CIP）数据

网络关键设备安全通用要求解读 ／ 周开波，张治兵
主编. -- 北京 ： 人民邮电出版社，2021.9
ISBN 978-7-115-57155-7

Ⅰ．①网… Ⅱ．①周… ②张… Ⅲ．①网络设备—网
络安全 Ⅳ．①TN915.05

中国版本图书馆CIP数据核字（2021）第165849号

内 容 提 要

　　本书对 GB 40050-2021 国家标准进行了充分解读，基于网络关键设备相关设备安全技术
现状，对标准中 6 个章节内容逐条分析，说明具体条款的目的和意义，介绍条款释义，并汇
集路由器、交换机、PLC 等设备样例给出满足标准要求的具体示例说明及验证方式。本书可
为网络运营者采购网络关键设备提供参考依据，为网络关键设备的研发、测试等工作提供指
导。

　　本书适合网络关键设备的生产者、提供者、网络的运营者和各企事业单位的研究人员、
测试机构的技术评测人员，以及希望了解网络关键设备的安全人员和管理人员阅读。

◆ 主　　编　周开波　张治兵
　　责任编辑　李　强
　　责任印制　陈　犇
◆ 人民邮电出版社出版发行　　北京市丰台区成寿寺路 11 号
　　邮编　100164　　电子邮件　315@ptpress.com.cn
　　网址　https://www.ptpress.com.cn
　　大厂回族自治县聚鑫印刷有限责任公司印刷
◆ 开本：720×960　1/16
　　印张：15.5　　　　　　　　　　　　2021 年 9 月第 1 版
　　字数：217 千字　　　　　　　　　2021 年 9 月河北第 1 次印刷

定价：99.80 元
读者服务热线：(010)81055493　印装质量热线：(010)81055316
反盗版热线：(010)81055315
广告经营许可证：京东市监广登字 20170147 号

编委会

序 言

GB 40050-2021《网络关键设备安全通用要求》（以下简称《要求》）已由国家市场监督管理总局、国家标准化管理委员会发布。作为网络安全界的从业者，非常高兴能够看到一个既是网络方面的又是安全方面的国家强制标准推出。在过往的网络安全产业中，很多技术和标准都聚集在操作系统周围；而很少涉及硬件的、系统嵌入的、系统预装的网络节点设备。也许这就是网络安全从业者与电信网络从业者的距离吧。《要求》为两者建立起了一个桥梁，让更多的安全视角融合到网络中来。

1. 如何理解这个强制标准的适用范围？也就是搞清楚它适用于什么，不适用于什么。

《要求》是一个设备标准，不是针对一个系统或者一个体系的标准。设备应当就是人们眼中的那些"盒子"样的设备。《要求》不去谈更大、更复杂的、更多设备和系统所组成的一个体系的安全，而是聚焦围绕在单一的设备上，因为设备是大体系安全的基础和局部。虽然局部的安全不等于整体的安全，但是没有局部的安全是万万难有整体的安全的。

《要求》针对的是"关键"的网络设备，不针对"不关键"的网络设备。"关键"不是一个绝对的概念，而是一个相对的概念；关键也是一个使用视角的判别，而且可能是一个动态变化的判别。不过，大家总会有一个共识，认为网络核心设备、网络高性能设备、网络边界设备、网络管理设备等应当属于"网络关键设备"。

作为强制标准，《要求》是一个底线要求，是一个进门的门槛，是一个必须做到的底线。优秀的厂家和用户在实际参考中应当根据自身情况提高相关的安全要求，以适应用户实际环境的安全需求。

2．关于能力和效能的视角

《要求》的具体内容都体现在第 5 节"安全功能要求"和第 6 节"安全保障要求"。这些要求主要是描述规范设备应当具有什么能力；设备的厂家和用户应当做什么事情？这些视角都是能力视角、做的视角、因的视角，不是效能视角、测的视角、果的视角。

《要求》延续了既往网络安全标准的内涵，也就是要求做什么难于要求做的效果。确实，即使做到了《要求》强制要求的所有内容，也不能 100% 保证网络设备的孤立安全问题，更别说怎么保证设备部署到体系中的整体安全了。当然，虽然不能保证 100%，但并不意味着不能给出安全程度的判定。相信在实际执行过程中，会有配套的测试认证规范，特别是效能方面的测试。

3．网络设备的安全性，最基本的是可用性、可靠性

《要求》中的安全功能要求 5.1、5.2，首先要求的就是标识安全、冗余备份恢复、异常检测等，不去套用传统系统安全的 CIA 要求（保密性、完整性、可用性），这种要求方式更直接，更符合人们对于一个网络设备的要求。

接下来安全功能要求 5.3、5.4，就把网络设备当作一个系统来看待了。毕竟现在的网络关键设备内的软件确实越来越复杂，漏洞难以彻底避免。那么就有了预装软件要求、启动要求、漏洞检查、软件更新（对应操作系统安全的打补丁和升级）等要求，目的就是防范恶意程序，防范系统被渗透、被占领、被击瘫。

4．安全保障要求是对设备提供商的要求

网络关键设备的安全，不仅仅是一个当前的静态的问题。会涉及网络设备全生命周期，包括设计、开发、生产、交付、运行、维护、撤换等。要确保网络关键设备供应商的持续保障能力，需要考虑以某种形式对供应商的体系保障能力加以测评（包括质量保障体系、安全保障体系等）。在标准的实际操作中，可以协同参考其他标准。

5.　一些有待进一步解决的重要变化趋势

随着技术发展，网络设备趋于软件化、虚拟化，未来这类设备规模部署和应用时，网络关键设备的安全要求标准如何适应新的设备形态，这是值得业界深入探讨的问题。

最后说三句。

第一句，很欣喜看到涉及网络设备安全的这样一个强制标准。

第二句，强制标准只是一个底线标准，人们实际采用设备的安全能力和效能应当更高。

第三句，希望本书的出版更有利于广大的安全从业者深入理解《要求》的内容。

中国计算机学会理事
360 政企安全集团首席战略官

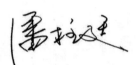

前言

国家强制性标准 GB 40050-2021《网络关键设备安全通用要求》(Critical Network Devices Security Common Requirements，以下简称标准）于 2021 年 2 月 20 日正式发布，并于 2021 年 8 月 1 日起正式实施。

2019 年 8 月，国家标准化管理委员会下达该标准的制定计划（国标委发〔2019〕26 号），计划号为 20192423-Q-339，由工业和信息化部负责组织制定。经全国信息安全标准化技术委员会、全国通信标准化技术委员会推荐，综合考虑专家权威性和代表性，工业和信息化部成立了由 21 名专家组成的标准起草专家组（以下简称起草组）。

在标准的编制过程中，起草组广泛听取各方的意见，不断对标准进行修改和完善，先后召开 7 次起草组会议、2 次专题研讨会、2 次专家技术审查会，听取了 60 多家国内外研究机构、检测机构和设备生产企业的意见，根据各方意见对标准技术内容进行修改完善后进行报批和标准发布。

为了帮助读者学习和理解 GB 40050-2021 标准文本，推进 GB 40050-2021 的贯彻与实施，特编写本书。

在本书的编写过程中得到了中国通信标准化协会的指导，也得到了华为技术有限公司、中兴通讯股份有限公司、浪潮电子信息产业股份有限公司、北京和利时智能技术有限公司的大力支持，各公司分别提供了设备如何满足安全要求的具体实现的示例素材，为读者理解标准的要求发挥了重要的作用。中国信息通信研究院泰尔系统实验室的技术专家为本书的编写提供了协助，进行了素材收集和整理，在此对他们的辛勤付出表示衷心的感谢。

本书按照 GB 40050-2021 的章节顺序进行解读，并给出实施示例，其组成结构如下。

第 1 章：全书说明，包括标准编制说明和本书阅读说明。

第 2 章：概述，包括标准的编制背景、适用范围、规范性引用文件、术语和定义、缩略语，分别对 GB 40050-2021 的前言部分及第 1 ～ 4 节进行解读。

第 3 章：设备标识安全，包括硬件标识和软件标识，对 GB 40050-2021 的第 5.1 节进行解读。

第 4 章：冗余、备份恢复与异常检测，包括冗余、备份与恢复、异常检测，对 GB 40050-2021 的第 5.2 节进行解读。

第 5 章：漏洞和恶意程序防范，包括已公布漏洞、恶意程序和后门，对 GB 40050-2021 的第 5.3 节进行解读。

第 6 章：预装软件启动及更新安全，包括预装软件的完整性要求和更新要求，对 GB 40050-2021 的第 5.4 节进行解读。

第 7 章：用户身份标识与鉴别，包括用户身份标识和鉴别、口令要求、安全策略和安全功能，对 GB 40050-2021 的第 5.5 节进行解读。

第 8 章：访问控制安全，包括默认服务、访问受控资源、分级分权，对 GB 40050-2021 的第 5.6 节进行解读。

第 9 章：日志审计安全，包括日志审计功能、日志审计存储和输出、日志审计记录要素、日志保护、日志存储异常要求、日志存储信息要求，对 GB 40050-2021 的第 5.7 节进行解读。

第 10 章：通信安全，包括管理信道安全、协议健壮性、时间同步、私有协议、抵御常见攻击，对 GB 40050-2021 的第 5.8 节进行解读。

第 11 章：数据安全，包括数据保护和数据删除，对 GB 40050-2021 的第 5.9 节进行解读。

第 12 章：密码要求，对 GB 40050-2021 的第 5.10 节进行解读。

第 13 章：设计和开发，包括风险识别，操作规程，配置管理，恶意程序防范，安全测试、安全缺陷、漏洞修复补救，对 GB 40050-2021 的第 6.1 节进行解读。

第 14 章：生产和交付，包括风险识别、完整性检测、指导性文档、端口映射说明、私有协议、漏洞处置，对 GB 40050-2021 的第 6.2 节进行解读。

第 15 章：运行和维护，包括风险识别，安全事件响应，安全缺陷、漏洞修复补救，远程维护，完整性真实性验证方法，设备废弃 / 回收处理，二次销售或提供设备的处理，安全维护，设备生命周期终止处理，对 GB 40050-2021 的第 6.3 节进行解读。

附录：包括《中华人民共和国网络安全法》、《〈网络关键设备和网络安全专用产品目录〉（第一批）的公告》、《网络安全专用产品安全认证和安全检测任务机构名录》（第一批）。

由于编者水平有限，书中仍有不足之处，敬请读者和专家批评指正。

目 录

第1章 全书说明

第1节 标准编制说明

GB 40050-2021 依据 GB/T 1.1-2020《标准化工作导则 第 1 部分：标准化文件的结构和起草规则》，针对网络关键设备的技术特点、安全要求、管理流程等进行分析研究，坚持标准的一致性、先进性和可行性，保证标准的科学性和可操作性，切实提升网络关键设备的安全性、设备安全管理工作的规范性。

GB 40050-2021 的编制遵循以下 3 项原则：

（1）需求主导。本标准的编制充分考虑了网络关键设备实际技术特点，确定了网络关键设备定义，分析梳理了网络关键设备必须具备的安全功能要求，并提出了网络关键设备安全保障要求，可为网络运营者采购网络关键设备提供依据，也适用于指导网络关键设备的研发、测试等工作。

（2）确保通用。本标准规定了网络关键设备应满足的通用安全技术要求。为保障标准内容的通用性，本标准在编制过程中充分参考借鉴国内外相关安全标准，包括：

① GB/T 18336-2015 信息技术 安全技术 信息技术安全性评估准则

② GB/T 18018-2019 信息安全技术 路由器安全技术要求

③ GB/T 20011-2005 信息安全技术 路由器安全评估准则

④ GB/T 21050-2019 信息安全技术 网络交换机安全技术要求

⑤ GB/T 21028-2007 信息安全技术 服务器安全技术要求

⑥ GB/T 25063-2010 信息技术安全 服务器安全测评要求

⑦ GB/T 33008.1-2016 工业自动化和控制系统网络安全 可编程序控制器

（PLC）第 1 部分：系统要求

⑧ GB/T 36470-2018 信息安全技术 工业控制系统现场测控设备通用安全功能要求

⑨ YD/T 1359-2005 路由器设备安全技术要求——高端路由器（基于 IPv4）

⑩ YD/T 1439-2006 路由器设备安全测试方法——高端路由器

⑪ YD/T 1906-2009 IPv6 网络设备安全技术要求——核心路由器

⑫ YD/T 2045-2009 IPv6 网络设备安全测试方法——核心路由器

⑬ YD/T 1629-2007 具有路由功能的以太网交换机设备安全技术要求

⑭ YD/T 1630-2007 具有路由功能的以太网交换机设备安全测试方法

⑮ YD/T 2042-2009 IPv6 网络设备安全技术要求——具有路由功能的以太网交换机

⑯ YD/T 2043-2009 IPv6 网络设备安全测试方法 ——具有路由功能的以太网交换机

⑰ 3GPP TS 33.117 通用安全保障要求框架（Catalogue of General Security Assurance Requirements）

⑱ ITU-T X.805 端到端通信服务安全框架（Security Architecture for Systems Providing end-to-end Communications）

（3）立足实际。标准编制立足网络关键设备相关设备安全技术现状，尽量吸纳成熟的技术和已有共识的结论，尽量少涉及有争议的问题和不稳定的技术，不涉及应用面狭窄或纯学术性的技术，提取适用性和兼容性更高的安全标准要求。

GB 40050-2021 内容分为 6 个部分：

（1）范围。第 1 章明确标准的内容范围和适用范围，即网络关键设备应满足的通用安全技术要求范畴、标准的适用对象和使用场合。

（2）规范性引用文件。第 2 章列举了标准中引用其他文件的清单。

（3）术语与定义。第 3 章对网络关键设备等概念进行了定义。

（4）缩略语。第 4 章对标准中涉及的缩略语进行了说明。

（5）安全功能要求。第 5 章提出了网络关键设备应满足的设备标识安全，冗余、备份恢复与异常检测，漏洞和恶意程序防范，预装软件启动及更新安全，用户身份标识与鉴别，访问控制安全，日志审计安全，通信安全，数据安全及密码要求等 10 个方面的要求。

（6）安全保障要求。第 6 章提出了网络关键设备设计和开发、生产和交付、运行和维护等方面应满足的安全保障要求。

在 GB 40050-2021 制定过程中，起草组依据《中华人民共和国网络安全法》（以下简称为网络安全法）等法律法规要求，参考路由器、交换机、服务器和 PLC 设备相关的国家标准、通信行业标准和国际标准相关要求，结合各类设备目前具备的安全能力水平，抽取共性和基本的技术要求，形成了本标准的安全要求。按照全面覆盖标准全部技术内容的原则，起草组组织中兴、新华三、联想、浪潮、和利时、浙江中控等企业以及中国信息通信研究院、威尔克实验室等机构开展标准验证工作，对路由器、交换机、服务器和 PLC 设备 4 类网络关键设备分别实施技术验证，通过技术验证，确保本标准提出的技术要求具有良好的适用性和可操作性。

GB 40050-2021 是各类网络关键设备通用的、基本的安全要求，不适宜进行分级。因此，在 GB 40050-2021 中未进行安全分级，具体分级要求可在各类设备标准中考虑。

第 2 节　阅读说明

本书中的每一小节是针对 GB 40050-2021 中的一个或几个条款进行解读，解读的编写架构如下。

（1）在小节中，首先列出需要解读的标准条款，条款的具体内容用方框进行标注，标准中的条款标号用【×××a】的方式给出，便于读者在 GB 40050-2021 中查找，具体如下所示。

标准条款 5.1a

a）硬件整机和主要部件应具备唯一性标识。

注1：路由器、交换机常见的主要部件：主控板卡、业务板卡、交换网板、风扇模块、电源、存储系统软件的板卡、硬盘或闪存卡等。服务器常见的主要部件：中央处理器、硬盘、内存、风扇模块、电源等。

注2：常见的唯一性标识方式：序列号等。

（2）标准中列出该标准条款的目的和意义，具体如下所示。

一、目的和意图

对网络关键设备硬件整机和主要的部件的硬件标识提出要求。

（3）对标准条款的内容、制定背景、相关的技术进行说明，具体如下所示。

在条款释义中，首先对标准条款涉及的要求要点进行说明。

二、条款释义

本条款主要规范网络关键设备硬件整机和主要的部件的标识。要点有两处：一是需要有标识的对象是硬件整机和主要的部件，二是标识要满足唯一性的要求。

之后，对条款中涉及的概念进行说明。

物品标识用于区分物品的个体，实现物品的可追溯性，防止物品在流转的过程中发生混淆，因此要求具有唯一性。

标识分为物品标识、状态标识、内容物标识。状态标识表明当前物品的状态，例如处于运行、维修、停用、报废的状态。内容物标识表明该物品中所保存的物质的名称。

其次，对标准制定中参考的相关标准进行说明，便于读者理解本标准条款的要求与其他标准要求的相关性。

本标准条款在制定过程中参考了服务器设备的相关标准。

GB/T 25063-2010《信息技术安全 服务器安全测评要求》中对四级的服务器和服务器的关键部位（包括硬盘、主板、内存、处理器、网卡等组件、附件）的标签标识提出了设置的要求，并且要求对标签标识采取有效的保护措施。

最后，介绍编者对于该条款的理解，或者是标准条款中"注"的内容。

哪些部件是主要部件？这与具体的网络关键设备相关。路由器和交换机常见的主要部件包括主控板卡、业务板卡、交换网板、风扇模块、电源、存储系统软件的硬盘或闪存卡等。服务器常见的主要部件包括中央处理器、硬盘、内存、风扇模块、电源等。对于PLC设备，常见的主要部件是中央处理器、存储器、输入单元、输出单元等。

（4）给出目前各类网络关键设备中对于本条款的实现的实例。需要注意的是，对于有些条款，如何实现没有歧义，则可能没有给出示例。为方便读者定位实例的具体信息，对于文本型的实例，采用加深底色的方式标注，对于图形式的实例，则采用方框标记的形式进行标注。具体如下所示。

硬件整机和主要部门常见的唯一性标识方式是序列号，序列号可以用实体的方式粘贴、印刷、刻写在物品上，也可以采用电子方式写入物品的存储区，使用配套的工具进行读取并显示出来，或者是几种方式同时使用。

（一）路由器硬件唯一性标识。

（1）整机唯一性标识

```
Router(config)# show devid
Shelf          system devid
======================================================
0              100110012A2A222A271548501009
------------------------------------------------------
```

（2）主控板卡唯一性标识

```
Router (config) # show serial number 0 11
[MPU, shelf 0, slot 11]
Assembly Serial Number: 286642900004
MPU-0/11/0:
SN Version          : V1.0
Serial Number       : 286643300012
Manufacture Date    : 150915
BoardId             : 0x8a21
Board Version       : 130201
BomId               : 0x03
```

（二）服务器硬件唯一性标识

整机

第 2 章

概述

第 1 节　编制背景

标准条款　前言

本文件按照 GB/T 1.1—2020《标准化工作导则 第 1 部分：标准化文件的结构和起草规则》的规定起草。

请注意本文件的某些内容可能涉及专利。本文件的发布机构不承担识别这些专利的责任。

本文件由中华人民共和国工业和信息化部提出并归口。

▶ 条 款 解 读

一、目的和意图

GB 40050-2021 的前言部分给出了文件起草的依据和有关专利的说明，以及文件的提出和归口单位。

二、条款释义

《网络安全法》第二十三条规定："网络关键设备和网络安全专用产品应当按照相关国家标准的强制性要求，由具备资格的机构安全认证合格或者安全检测符合要求后，方可销售或者提供。国家网信部门会同国务院有关部门制定、公布网络关键设备和网络安全专用产品目录，并推动安全认证和安全检测结果互认，避免重复认证、检测。"

从规定中可以看出，开展网络关键设备的安全检测或安全认证必须同时满足3个要素后才能进行。

要素一：确定哪些网络设备是网络关键设备。《网络安全法》第二十三条并没有指明哪些网络设备是关键设备，也没有给出"关键"的定义。《网络安全法》第二十三条是在总结实践经验的基础上提出来的。目前关于安全相关的实践经验有3个。

（1）电信设备进网许可制度，其制定的主要依据是《中华人民共和国电信条例》，涉及电信终端设备、无线电通信设备和网间互联设备。上述设备接入公众通信网需要取得工业和信息化部的进网许可证。

（2）信息安全专用产品销售许可制度，其制定的主要依据是《中华人民共和国计算机信息系统保护条例》，涉及的产品是两大类：安全专用硬件、安全专用软件。

（3）信息安全产品认证制度，其制定的主要依据是《中华人民共和国认证认可条例》，由国家市场监督管理总局（原国家质量监督检验检疫总局）下属的中国网络安全审查技术与认证中心（原信息安全认证中心）具体执行，涉及的主要产品分为八大类（边界安全等）13种（防火墙等）。

从实践的基础上看，电信设备进网许可制度主要是针对网络设备，信息安全专用产品销售许可制度和信息安全产品认证制度主要是针对网络安全专用产品。

网络关键设备中的"关键"二字可以从两个方面理解，一方面是设备位于网络的核心，其处理的数据流量很大，一旦出现问题，造成的安全影响广泛；另一方面是设备用量大，一旦出现问题，影响的范围大。

对于各类设备定义，相关国家标准中给出了定义，可供参考。路由器定义可参考 GB/T 25069 的 2.2.1.86 节，交换机定义可参考 GB/T 25069 的 2.2.4.5 节，服务器定义可参考 GB/T 39680 的 3.1.1 节，PLC 定义可参考 GB/T 15969.1 的 3.1.1 节。

在实际的执行过程中，对于哪些网络设备属于网络关键设备，可以采用目录的方式进行管理，也可以认为是采用白名单的方式进行管理。采用目录管理的方式，包含两个层面的考虑。一是目录是动态的，不是一成不变的，目录中的产品类型、名称可以随着网络设备的技术发展进行调整；二是对于同样类型的产品，其列入目录的性能参数门槛是可以调整的。具体目录的制定由国家互联网信息办公室牵头，工业和信息化部、公安部、国家认证认可监督管理委员会共同参与制定。

2017 年 6 月 1 日，国家互联网信息办公室、工业和信息化部、公安部和国家认证认可监督管理委员会四部委发布了 1 号公告。公告中列出了 4 种网络关键设备和 11 种网络安全专用产品的目录。针对每一种类型的设备 / 产品，在性能方面提出了明确的要求。只有符合这些性能要求的网络设备才能称为网络关键设备，在销售之前需要满足《网络安全法》第二十三条的要求，通过安全检测或安全认证，否则不得销售或提供。

网络关键设备第一批目录和对应的性能指标要求如表 2-1 所示，网络安全专用产品第一批目录和对应的性能指标要求如表 2-2 所示。

表2-1　网络关键设备第一批目录和对应的性能指标要求

设备名称	性能指标要求
路由器	整系统吞吐量（双向）≥ 12Tbit/s 整系统路由表容量 ≥ 55 万条
交换机	整系统吞吐量（双向）≥ 30Tbit/s 整系统包转发率 ≥ 10Gpps
服务器（机架式）	CPU 数量 ≥ 8 个 单 CPU 内核数 ≥ 14 个 内存容量 ≥ 256GB
可编程逻辑控制器（PLC 设备）	控制器指令执行时间 ≤ 0.08μs

表2-2　网络安全专用产品第一批目录和对应的性能指标要求

设备名称	性能指标要求
数据备份一体机	备份容量 ≥ 20TB 备份速度 ≥ 60MB/s 备份时间间隔 ≤ 1h
防火墙（硬件）	整机吞吐量 ≥ 80Gbit/s 最大并发连接数 ≥ 300 万 每秒新建连接数 ≥ 25 万
WEB 应用防火墙（WAF）	整机应用吞吐量 ≥ 6Gbit/s 最大 HTTP 并发连接数 ≥ 200 万
入侵检测系统（IDS）	满检速率 ≥ 15Gbit/s 最大并发连接数 ≥ 500 万
入侵防御系统（IPS）	满检速率 ≥ 20Gbit/s 最大并发连接数 ≥ 500 万
安全隔离与信息交换产品（网闸）	吞吐量 ≥ 1Gbit/s 系统时延 ≤ 5ms
反垃圾邮件产品	连接处理速率（连接 / 秒）>100 平均时延 <100ms
网络综合审计系统	抓包速度 ≥ 5Gbit/s 记录事件能力 ≥ 5 万条 / 秒
网络脆弱性扫描产品	最大并行扫描 IP 数量 ≥ 60 个
安全数据库系统	TPC-E tpSE（每秒可交易数量）≥ 4 500 个
网站恢复产品（硬件）	恢复时间 ≤ 2ms 站点的最长路径 ≥ 10 级

　　要素二：明确相应的国家标准的强制性要求。根据《中华人民共和国标准化法》的规定，国内的标准可以分为国家标准、行业标准、团体标准和企业标准。国家标准强制性要求有两个方面的来源。第一个来源是强制性的国家标准，其编号的形式是 GB XXXXX-YYYY，其中 XXXXX 为标准编号，YYYY 为年号。网

络关键设备必须符合强制性国家标准的要求。第二个来源是推荐性的国家标准，其编号的形式是 GB/T XXXXX-YYYY，其中"T"是推荐的意思。通常，推荐性的国家标准中的要求不是强制性的，但当推荐性的国家标准的相关条款在国家发布的规章中引用之后，就成为国家标准的强制性要求，此时，网络关键设备必须满足被引用的推荐性标准条款要求。

《网络安全法》发布之时，并无对应的网络关键设备的国家标准存在，既没有强制性的国家标准，也没有推荐性的国家标准存在。在工业和信息化部网络安全管理局的组织下，网络关键设备对应的强制性国家标准历经立项、征求意见、技术验证、意见处理、技术审查和报批公示 6 个阶段，用时 2 年 6 个月，GB 40050-2021《网络关键设备安全通用要求》于 2021 年 2 月 20 日发布，2021 年 8 月 1 日正式实施。

要素三：具备资格的机构。 2018 年 3 月 15 日，国家认证认可监督管理委员会、工业和信息化部、公安部和国家互联网信息办公室共同发布承担网络关键设备和网络安全专用产品安全认证和安全检测任务机构名录（第一批）的公告【2018 年 第 12 号】，明确了首批承担网络关键设备和网络安全专用产品安全认证和安全检测任务的机构。具体如表 2-3 所示。

表2-3 承担网络关键设备和网络安全专用产品安全认证和安全检测
任务机构名录（第一批）

序号	机构名称	对应法人单位	机构地址	机构安全认证/检测范围*	说明
1	中国信息安全认证中心	中国信息安全认证中心	北京市朝阳区朝外大街甲 10 号	网络关键设备和网络安全专用产品安全认证	选择认证方式的网络关键设备和网络安全专用产品，安全认证合格后，由认证机构报国家认证认可监督管理委员会

续表

序号	机构名称	对应法人单位	机构地址	机构安全认证 / 检测范围 *	说明
2	中国信息通信研究院 / 中国泰尔实验室	中国信息通信研究院	北京市海淀区花园北路 52 号	网络关键设备安全检测	选择检测方式的网络关键设备，安全检测符合要求后，由检测机构报工业和信息化部
3	国家计算机网络与信息安全管理中心	国家计算机网络与信息安全管理中心	北京市朝阳区裕民路甲 3 号		
4	国家工业控制系统与产品安全质量监督检验中心	工业和信息化部电子科学技术情报研究所（工业和信息化部电子第一研究所）	北京市石景山区鲁谷路 35 号		
5	中国电子技术标准化研究院赛西实验室	中国电子技术标准化研究院	北京市东城区安定门东大街一号		
6	工业和信息化部电子第五研究所	工业和信息化部电子第五研究所	广东省广州市天河区东莞庄路 110 号		
7	信息产业数据通信产品质量监督检验中心	北京通和实益电信科学技术研究所有限公司	北京市海淀区学院路 40 号研 7 楼 B 座		
8	国家电话交换机质量监督检验中心	电信科学技术第一研究所	上海市平江路 8 号		
9	信息产业无线通信产品质量监督检验中心	西安通和电信设备检测有限公司	陕西省西安市翠华路 275 号		
10	信息产业有线通信产品质量监督检验中心	成都泰瑞通信设备检测有限公司	四川省成都市大慈寺路 22 号		
11	信息产业光通信产品质量监督检验中心	武汉网锐实验室（信息产业光通信产品质量监督检验中心）	湖北省武汉市江夏区藏龙岛谭湖路 2 号 1 号楼		

续表

序号	机构名称	对应法人单位	机构地址	机构安全认证/检测范围 *	说明
12	信息产业广州电话交换设备质量监督检验中心	中国电信集团公司广东分公司	广东省广州市天河区中山大道西 109 号 5 号楼	网络关键设备安全检测	选择检测方式的网络关键设备,安全检测符合要求后,由检测机构报工业和信息化部
13	公安部计算机信息系统安全产品质量监督检验中心	公安部第三研究所	上海市岳阳路 76 号	网络安全专用产品安全检测	选择检测方式的网络安全专用产品,安全检测符合要求后,由检测机构报公安部
14	公安部安全与警用电子产品质量检测中心	公安部第一研究所	北京市首体南路一号		
15	国家计算机病毒应急处理中心计算机病毒防治产品检验实验室	国家计算机病毒应急处理中心	天津市经济技术开发区第四大街 80 号天大科技园 C6		
16	信息产业信息安全测评中心	中国电子科技集团公司第十五研究所	北京市海淀区北四环中路 211 号华北计算技术研究所		

为了保证检测的质量,网络关键设备安全检测的机构除满足《检验检测机构资质认定评审准则》基本条件,具备运转良好的质量体系、相应的人员、基本能力和场地的基础外,在检测经历、能力、人员、环境等方面也需要满足一定的要求。例如:

(1)在能力和经历方面。检测机构应当至少具备对某类或多类网络关键设备标准所规定的检测项目进行检测的能力,且从事相关设备的检测经历较为丰富,例如检测经历时长应当不少于两年,相关设备的测试任务数不少于20 个。

（2）检测机构应当具备网络关键设备标准的研制能力和检测工具自主开发能力。

① 具备主流的漏洞扫描专业工具，能对设备和产品进行全面扫描，对扫描结果进行相互印证。

② 具备对 IP 层协议、路由协议、管理协议进行模糊测试的专业化工具。

③ 具备系统软件分析工具，能够从系统软件中提取关键的模块进行安全分析。

④ 具备代码分析调试能力，能基于模糊测试、已知漏洞测试结果，对系统关键代码进行分析。

⑤ 具备协议分析工具，能够对网络协议、通信协议、应用协议的规范性、一致性、安全性进行检测。

⑥ 具备与所检测设备性能相适应的网络性能测试工具，能够验证网络层、传输层和应用层吞吐量等关键性能参数。检测机构所选用的设备应是具有可追溯性的商用软件和硬件。

⑦ 具备与所检测设备相适应的漏洞库和攻击库，且支持持续同步更新。

⑧ 具备硬件电路非侵入式和半侵入式检测工具，可开展侧信道和半侵入式检测分析。

（3）检测机构应当具备充足的技术人员，其数量、专业技术背景、工作经历、检测能力等应当与所开展的检测活动相匹配。

① 技术人员应当熟悉《网络安全法》及其相关法律法规以及有关安全标准和检测方法的原理，掌握实验室网络安全与防护知识，并应当经过安全相关法律法规和有关专业技术的培训和考核。

② 技术负责人、授权签字人应当熟悉业务，具有网络安全、通信、电子等相关专业的中级及以上技术职称或者同等能力。网络安全、通信、电子等相关专业博士研究生毕业，从事安全检测工作 1 年及以上；网络安全、通信、电子等相关专业硕士研究生毕业，从事安全检测工作 3 年及以上；网络安全、通信、电子

等相关专业大学本科毕业，从事安全检测工作 5 年及以上；网络安全、通信、电子等相关专业大学专科毕业，从事安全检测工作 8 年及以上，可视为具有同等能力。

③ 检测人员应当具有网络安全、通信、电子等相关专业专科及以上学历并具有 1 年及以上安全检测工作经历，或者具有 5 年及以上安全检测工作经历。具有中级及以上技术职称或同等能力的人员数量应当不少于从事安全检测活动的人员总数的 50%。

④ 检测人员应当具备对设备和产品安全检测相关的研究开发能力，具备发现、分析和定位网络设备安全缺陷的能力，具备对设备和产品渗透攻击测试的能力。

（4）检测机构应当具备开展安全检测活动所必需的且能够独立调配使用的固定工作场所，工作环境应当满足安全检测的功能要求。

① 检测机构应建立稳压、防静电和防范恶意程序的检测环境。

② 检测网络应与其他网络采取隔离措施。如果同时进行多个检测项目，检测机构应保持检测环境的有效分离。当检测活动在检测机构以外场所进行时，其检测环境也应满足要求，并确保检测活动在受控环境下执行。

（5）开展网络关键设备安全检测的实验室，应具备模拟实验环境，试验环境包含固定和移动用户端、接入网、传送网、数据交换网、核心网等各个网络节点设备。

（6）检测机构在运用计算机与信息技术或自动设备系统对检测数据和相关信息进行管理时，应当具有保障其安全性、完整性的措施，并验证有效。

① 检测机构应建立数据（尤其是涉及客户敏感数据、知识产权、安全缺陷等的检测数据、电子和纸质记录以及其他的材料）保护程序，以防止非授权人员的访问；

② 当检测结束后，检测机构应妥善删除检测过程中在被测对象上生成的测

试数据（如端口、策略、账号、口令等）。

按照国家市场监督管理总局发布的《强制性国家标准管理办法》，国务院有关行政主管部门依据职责负责强制性国家标准的项目提出、组织起草、征求意见和技术审查。GB 40050-2021 由工业和信息化部提出并归口。

第 2 节　适用范围

标准条款　1

本条款规定了网络关键设备的通用安全功能要求和安全保障要求。

本条款适用于网络关键设备，为网络运营者采购网络关键设备时提供依据，还适用于指导网络关键设备的研发、测试、服务等工作。

▶ 条 款 解 读

一、目的和意图

本条款界定 GB 40050-2021 的适用范围。

二、条款释义

GB 40050-2021 从标准的具体内容和适用的目标对象两个方面来界定本标准的适用范围。

（1）本条款从两个方面提出了网络关键设备的安全相关要求。一是网络关键设备自身应该具备或者满足的安全功能要求，具体包括标识、冗余备份、漏洞和恶意程序、预装软件、用户身份标识与鉴别、访问控制、日志审计、通信和数据安全等方面；二是在产品生命周期的设计和开发、生产和交付、运行和维护各阶段，网络关键设备的提供者应该满足的安全保障要求。

（2）网络关键设备的生产者、提供者、网络的运营者是适用本标准的目标对象，其他的目标对象还包括各企事业单位的研究人员、测试机构的技术评测人员及希望了解网络关键设备的安全人员和管理人员。

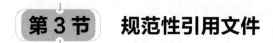

第3节 规范性引用文件

标准条款 2

下列文件对于本条款的应用是必不可少的。凡是注日期的引用文件，仅注日期的版本适用于本条款；凡是不注日期的引用文件，其最新版本（包括所有的修改单）适用于本条款。

GB/T 25069 信息安全技术 术语

▶ **条 款 解 读**

一、目的和意图

本条款提出 GB 40050-2021 在正文中所引用的相关标准或规范性文件的信息。

二、条款释义

GB 40050-2021 中引用了国家标准 GB/T 25069《信息安全技术 术语》。该引用标准中没有指明特定的年号，表明该文件的最新版本以及所有的修改单适用于本标准。在使用 GB 40050-2021 的过程中，对于相关术语的定义要注意查阅GB/T 25069 最新的版本。

GB/T 25069《信息安全技术 术语》由 TC260（全国信息安全标准化技术委员会）归口上报及执行，主管部门为国家标准化管理委员会。GB/T 25069 现行有效版本的发布日期为 2010 年 9 月 2 日，实施日期为 2011 年 2 月 1 日。制定 GB/T 25069 的目的是为了方便信息安全技术的国内外交流。该标准给出了与信息安全领域相关概念的术语及其定义，明确了各术语词条之间的关系。GB/T 25069 分为 3 部分来组织编制：（1）信息安全一般概念术语；（2）信息安全技术术语，包括实体类、攻击与保护类、鉴别与密码类、备份与恢复类；（3）信息安全管理术语，包括管理活动和支持管理活动的技术，主要涉及安全管理、安全测评和风险管理等基本概念及相关的管理技术。

第 4 节　术语和定义

标准条款 **3.1**

部件 component

由若干装配在一起的零件组成，能够实现特定功能的模块或组件。

▶ 条款解读

一、目的和意图

本条款给出网络关键设备中部件的定义。

二、条款释义

在网络关键设备的描述中，通常会用到零件、部件、组件、模块等概念。这些概念从不同的角度定义，部件、零件按隶属区分，模块、组件则是按功能和关联关系来区分。

从物理的角度来看，零件是网络设备的基本组成单元，如螺钉、螺母、电阻、电容、电感、芯片、接头、排线、印制电路板等，它的制造过程一般不需装配工序，零件也称为元件。而部件则是机器的一个组成部分，由若干零件装配而成，具备特定的功能，如提供交直流转换的供电电源、实现不同速率的光电接口板卡、控制其他模块按照不同时序或者逻辑进行处理的主控板、在不同的接口之间传递数据的交换板、对收到的数据报文进行分析计算的处理板等。

模块是一个设计术语，以功能块为单位进行区分，最后通过模块的选择和组合构成最终产品。组件是由一个或几个零件组装在一起形成的一个功能单元。在本标准中，部件与模块或组件指的是相同级别的事物。

标准条款 3.2

恶意程序 malicious program

被专门设计用来攻击系统，损害或破坏系统的保密性、完整性或可用性的程序。

注：常见的恶意程序包括病毒、蠕虫、木马、间谍软件等。

▶ **条 款 解 读**

一、目的和意图

本条款给出对网络关键设备的保密性、完整性和 / 或可用性造成损害的恶意程序的定义。

二、条款释义

网络关键设备在运行的过程中，通常都需要用到操作系统。从原理上看，网络关键设备的操作系统与计算机的操作系统并无本质的区别，包括进程管理、存储管理、文件管理、设备管理、系统调用等模块，使用相同或类似的指令集。因此，网络关键设备也可能受到恶意程序的攻击。

恶意程序又称为恶意代码（malicious code），是能够在网络关键设备中进行非授权操作的代码，以恶意破坏为目的。恶意代码的危害主要表现在以下几个方面。

（1）破坏数据：恶意代码被触发时会直接破坏网络关键设备中的重要数据，利用的手段有格式化 Flash、硬盘、改写文件分配表和目录区、修改设备控制数据、删除配置文件或者用无意义的数据覆盖文件等。

（2）占用磁盘存储空间：文件型的病毒利用操作系统自身的功能进行传染，检测出磁盘未用空间，把病毒的传染部分写进去，一般不会破坏原数据，但会非法侵占磁盘空间，被感染的文件会有不同程度的加长。

（3）抢占系统资源：大部分恶意程序是动态常驻内存的，必然会占用一部分系统资源，导致一部分应用软件不能运行。恶意程序可能修改中断地址，在正常中断过程中先跳转到恶意程序，干扰系统运行。

恶意程序主要从程序的独立性和自我复制性两个方面进行分类。独立的恶意程序具备一个完整程序所应该具有的全部功能，能够独立传播、独立运行，这样的恶意程序不需要寄生在另一个程序中，不需要依赖其他程序就可以独立存在。独立的恶意程序的自我复制过程就是将自身传播给其他系统的过程，类似于生物界的细菌，不需要利用宿主即可独立生存。非独立恶意程序只是一段代码，必须嵌入某个完整的程序中，作为该程序的一个组成部分进行传播和运行。非独立恶意代码不具备独立的自我复制能力，要想实现复制，必须将自身嵌入宿主程序，这个过程也称为感染宿主程序的过程，类似于生物界的病毒，需要将自身嵌入细胞内部，然后开始病毒复制。

常见的恶意程序有：

（1）陷门。陷门是某个程序的秘密入口，通过该入口启动程序，可以绕过正常的访问控制过程，因此，获悉陷门的人员可以绕过访问控制过程，直接对资源进行访问。陷门最初是程序开发人员在开发具有鉴别或登录过程的应用程序时，为避免每一次调试程序时都需输入大量鉴别信息或登录过程需要的信息而设置的。程序正常启动和通过陷门启动的区别在于是否输入特定的命令参数、在程序启动后是否输入特定的字符串等。

（2）逻辑炸弹。逻辑炸弹是包含在正常应用程序中的一段恶意代码。当满足某种条件，如到达某个特定日期、增加或删除某个特定文件、收到特定的字符串等，将触发这一段恶意代码，执行这一段恶意代码将导致非常严重的后果，如删除系统中的重要文件和数据、使系统崩溃等。

（3）特洛伊木马。特洛伊木马也是包含在正常应用程序中的一段恶意代码，一旦执行这样的应用程序，将触发恶意代码。特洛伊木马的功能主要在于绕过系统的安全控制机制，如在系统登录程序中加入陷门，以便攻击者能够绕过访问控制过程直接访问系统资源；将共享文件的只读属性修改为可读写属性，以便攻击者能够对共享文件进行修改；甚至允许攻击者通过远程工具软件控制系统。

（4）病毒。从狭义上的定义看，病毒专指那种既具有自我复制能力、又必须寄生在其他程序中的恶意代码。病毒和陷门、逻辑炸弹的最大区别在于自我复制能力，通常情况下，陷门、逻辑炸弹不会感染其他程序，而病毒会自动将自身添加到其他程序中，形成病毒的传播。

（5）蠕虫。从病毒的广义定义来说，蠕虫也是一种病毒，但它和狭义病毒的最大不同在于自我复制过程，病毒的自我复制过程需要一定的人工干预，例如需要人工运行感染病毒的程序，或是打开包含宏病毒的邮件，这些操作都不是病毒程序自动完成的。而蠕虫的自我复制功能则要强很多，它能够通过网络自主完成以下操作。

① 查找远程系统：通过搜索已被攻陷系统的网络邻居列表或其他远程系统地

址列表找出下一个攻击对象。

②建立连接：通过端口扫描等操作过程自动和被攻击对象建立连接，如Telnet、RPC 连接等。

③实施攻击：通过已经建立的连接将自身自动复制到被攻击的远程系统，并运行。

（6）僵尸（Zombie）。僵尸是通过秘密通信信道控制被感染的主机。大量的僵尸可以组成僵尸网络，听从某个控制服务器的统一调度，用来发起大规模的分布式网络攻击，如分布式拒绝服务攻击（DDoS）、海量垃圾邮件等，对网络安全运行和用户数据安全极具威胁。僵尸是目前互联网上攻击者最青睐的工具。

自 1988 年 11 月泛滥的 Morris 蠕虫以来，恶意程序首先在计算机系统上快速进化，比较著名的恶意程序有 1998 年爆发的 CIH 病毒、1999 年的 Melissa 病毒、2000 年 5 月爆发的"爱虫"病毒、2001 年 8 月的"红色代码"蠕虫、2003 年的Slammer 蠕虫、2003 年 8 月的"冲击波"蠕虫和 2004 年到 2006 年的振荡波蠕虫、爱情后门、波特后门等恶意程序，以及最近几年频发的蠕虫勒索软件，它们利用电子邮件和系统漏洞对网络主机进行攻击，给国家和社会造成了巨大的经济损失。

除在计算机系统中出现恶意程序之外，在专用的网络设备上也已经出现恶意程序。2015 年，思科网络设备被植入 SYNful Knock 恶意后门。黑客利用这个后门可以完全控制网络设备，攻击者可以获得通过网络设备传输的用户名、密码、银行卡账户，以及用户的访问行为、访问的网站、使用了哪些应用等信息。这个事件颠覆了人们之前的认知，那就是路由器这种比较封闭的系统很难被篡改的认知。在 2016 年 10 月，美国出现大面积的网站访问受限；2016 年 11 月，德国电信发生断网事件，几十万用户受到影响。这两次事件的发生都是网络设备受到攻击所致。2018 年 8 月，世界上最大的芯片生产企业台积电的生产线受到了勒索病毒的攻击，导致生产线停止运行，损失超过 10 亿元人民币。

漏洞 vulnerability

可能被威胁利用的资产或控制的弱点。

[来源: GB/T 29246—2017, 2.89, 有修改]

一、目的和意图

本条款给出网络关键设备中的漏洞的定义。

二、条款释义

在 GB/T 29246-2017《信息技术 安全技术 信息安全管理体系 概述和词汇》的 2.89 中, 对于"脆弱性"给出了定义: 可能被一个或多个威胁利用的资产或控制的弱点。在实际的语境中, 考虑到漏洞和脆弱性并无不同, 因此在本文中对于漏洞采用了和脆弱性基本相同的描述。为突出漏洞是资产或控制的弱点和被利用的特点, 删除了脆弱性中的"一个或多个"的限定。设备的弱点只有在被利用的情况下才能成为漏洞。

漏洞可能来自网络设备在设计时的缺陷或控制软件在编码时产生的疏忽, 也可能来自协议在交互处理过程中的设计缺陷或逻辑流程上的不合理之处。设备的缺陷、错误或不合理之处可能被有意或无意地利用, 从而对一个设备的运行造成不利的影响, 或者是对运行在网络设备之上的信息系统造成不利的影响, 导致设备或上层的信息系统被攻击或控制, 重要数据被窃取, 用户数据被篡改, 甚至作为入侵其他网络设备、主机系统或上层应用的跳板。

漏洞可能被恶意程序所利用, 助力病毒传播, 使得病毒的攻击更有针对性。病毒常见的传播方式有文件共享、网页、电子邮件等, 欺骗受害者下载并打开病毒文件。由于反病毒软件和系统的存在，加上用户良好的安全意识，这些手段越来越难以得逞。但是如果病毒具有通过漏洞进行传播的能力，恰好用户系统没有针对病毒攻击的目标漏洞采取防护措施，则用户系统将可能在用户不做任何操作的情况下被病毒感染，而用户对于系统被感染的情况毫不知情。例如 2017 年 5 月爆发的 WannaCry 蠕虫式勒索病毒，正是利用美国国家安全局（National Security Agency，NSA）泄露的"EternalBlue"（永恒之蓝）工具的危险漏洞（漏洞编号：MS17-010）进行传播的。MS17-010 是 Windows 操作系统中服务器消息块 1.0（SMBv1）服务器的漏洞，允许远程代码执行，所使用的端口为 445 端口。WannaCry 勒索病毒在全球范围大爆发，至少有 150 个国家、30 万名用户受到影响，涉及金融、能源、医疗等众多行业，造成了严重的后果。

标准条款 3.4

敏感数据 sensitive data

一旦泄露、非法提供或滥用可能危害网络安全的数据。

注：网络关键设备常见的敏感数据包括口令、密钥、关键配置信息等。

▶ **条 款 解 读**

一、目的和意图

本条款给出网络关键设备中敏感数据的定义。

二、条款释义

广义的敏感数据是指泄漏后可能给社会或个人带来严重危害的数据，包括个人隐私数据，如姓名、身份证号码、住址、电话、银行账号、邮箱、密码、医疗信息、教育背景等；也包括企业或社会机构不适合公布的数据，如企业的经营情况、企业的网络结构、IP 地址列表等。在本标准中，敏感数据限定为一旦泄露、非法提供或滥用可能危害网络安全的数据。在网络关键设备中，常见的敏感数据包括口令、密钥、关键配置信息，以及设备在运行中收集或产生的网络拓扑结构、路由表等。

随着大数据分析技术的发展和价值挖掘的深入，从看似安全的数据中还原用户的敏感信息、个人隐私信息已不再困难。世界各国对于个人信息、个人隐私数据的保护逐步加强，相关的法律法规已经制定或正在制定中。

我国于 2016 年 11 月 7 日通过《中华人民共和国网络安全法》，并于 2017 年 6 月 1 日正式实施，与个人信息安全相关的《中华人民共和国个人信息保护法（草案）》于 2020 年 10 月 21 日开始公开征求社会和公众的意见。

《网络安全法》在数据（包括个人信息）安全与保护上有诸多规定。《网络安全法》第四章"网络信息安全"的第四十条至第四十一条规定了网络营运者应当对其收集的用户信息严格保密，并建立健全用户信息保护制度；网络营运者收集、使用个人信息，应当遵循合法、正当、必要的原则，公开收集、使用规则，明示收集、使用信息的目的、方式和范围，并经被收集者同意。网络运营者不得收集与其提供的服务无关的个人信息，不得违反法律、行政法规的规定和双方的约定收集、使用个人信息，并应当依照法律、行政法规的规定和与用户的约定，处理其保存的个人信息。

《个人信息保护法（草案）》确立了个人信息处理应遵循的 6 条原则，包括：

① 处理个人信息应当采用合法、正当的方式；

② 具有明确、合理的目的；

③ 限于实现处理目的的最小范围；

④ 公开处理规则；

⑤ 保证信息准确；

⑥ 采取安全保护措施等。

并将上述"最小够用、公开必要、确保安全"原则贯穿于个人信息处理的全过程、各环节。

该法律草案从 9 个方面进行了规定，包括：

① 适用范围 / 域外适用效力；

② 敏感个人信息的概念与处理规则；

③ 数据本地化存储；

④ 数据跨境传输；

⑤ 处理个人数据的法定基础；

⑥ 数据主体的权利；

⑦ 数据处理者责任；

⑧ 数据保护的监管机构；

⑨ 违反数据保护法的处罚。

《个人信息保护法（草案）》明确给出了敏感个人信息的定义。个人信息指的是一旦泄露或者非法使用，可能导致个人受到歧视或者人身、财产安全受到严重危害的个人信息，包括种族、民族、宗教信仰、个人生物特征、医疗健康、金融账户、个人行踪等信息。该定义保持了与《信息安全技术 个人信息安全规范》的一致。该法律还强调了处理敏感个人信息的，应当取得个人的单独同意。

《个人信息保护法（草案）》在制定的过程中，在个人信息的生命全周期、个人信息主体权利，以及个人信息保护和合规义务等方面，参考和吸收了《民法典》《个人信息安全规范》《网络安全法》《电子商务法》《数据安全法（草案）》，以及其他与个人信息保护法规有关的内容。总体来说，《个人信息保护法（草案）》确立了"告知 - 同意"为核心的个人信息处理一系列规则，严格限制处理敏感个人信息，明确国家机关对个人信息的保护义务，全面加强了个人信息的法律保护。

2019 年 11 月 28 日，国家互联网信息办公室、工业和信息化部、公安部、国家市场监督管理总局联合印发《App 违法违规收集使用个人信息行为认定方法》，该办法列出了违法违规收集使用个人信息的具体行为，例如"未公开收集使用规则""未明示收集使用个人信息的目的、方式和范围""未经用户同意收集使用个人信息""未经同意向他人提供个人信息""未按法律规定提供删除或更正个人信息功能"或"未公布投诉、举报方式等信息"等。

2018 年 6 月，美国加州通过《加利福尼亚州消费者隐私法案》(California Consumer Privacy Act，CCPA)，该法案于 2020 年 1 月 1 日生效，并于 2020 年 7 月 1 日起正式实施。CCPA 出台的目的是在科技公司收集和使用数据时，赋予个人更多的信息和数据控制权。CCPA 是美国第一个对消费者隐私保护最全面的法案。其所定义的"个人信息"与 GDPR 的"个人信息"大致相同；在个人信息定义部分，CCPA 不仅围绕消费者个人，还特别引入了家人和家庭数据的概念。CCPA 为加利福尼亚消费者的个人数据提供以下保护：

- 所有权：保护消费者有权告诉企业不要共享或出售个人信息的权利。

- 控制：提供消费者对收集到的有关他们的个人信息的控制权。

- 安全：要求企业负责保护个人信息。

欧盟《通用数据保护条例》(General Data Protection Regulation，GDPR)，于 2018 年 5 月 25 日正式生效。GDPR 规定了企业如何收集、使用和处理欧盟公民的个人数据。GDPR 的特殊类别信息主要包括：种族或民族血统、政治观点、宗教或哲学信仰、工会会员资格、遗传数据、生物特征识别数据（用于唯一识别自然人）、健康、与犯罪定罪和犯罪有关的个人数据。GDPR 不适用于匿名化处理的个人数据，但在处理某些"特殊"类别的个人数据时（例如种族或族裔，或与健康有关的个人数据）将受到更为严格的监管。GDPR 定义了隐私保护的 7 项基本原则：许可(Consent)、反对(Objection)、访问(Access)、清除(Erasure)、移动性(Portability)、安全(Security)和信息泄露通知(Breach Notification)。需要注意的是，GDPR 的法律效果延伸到欧盟之外，其规定适用于任何向欧盟消费者推销或销售产品的企业。

巴西第一部通用数据保护法(Le Geral deProteçãode Dados，LGPD)于 2021 年 8 月 1 日生效。LGPD 的敏感信息主要包括：种族或民族血统、宗教信仰、政治见解、工会或宗教隶属关系、哲学或政治组织成员资格、健康、与自然人有关的遗传或生物统计数据。

2020 年 1 月 9 日，韩国国会通过了《个人信息保护法》（Personal Information Protection Action，PIPA）。PIPA 中的敏感信息主要包括：意识形态、信仰、工会或政党成员、政治观点、健康、遗传信息、犯罪记录，以及通过某些技术手段生成的，可以用来识别个人或种族的，有关个人身体、生理和行为特征的信息。需要注意的是，韩国 PIPA 把意识形态列入敏感信息范围。

日本最早于 2005 年通过《个人信息保护法》（Act on the Protection of Personal Information，APPI），并于 2020 年 3 月 10 日批准了《个人信息保护法》修正案。日本《个人信息保护法》旨在保护公民的个人数据免遭泄露、丢失或损坏，监督处理数据的员工和托管数据的第三方。APPI 中的敏感信息主要包括：种族、信仰、宗教，身体或精神疾病医疗记录、医学和药物治疗记录，与逮捕、拘留或刑事诉讼等有关的个人信息（无论是成人或青少年）。日本特别强调了精神上的疾病以及医疗记录、药物记录属于敏感信息，但没有把政治见解作为敏感信息纳入法案。

新加坡的《个人数据保护法》（Personal Data Protection Act，PDPA）于 2012 年首次发布，并于 2014 年 7 月 2 日开始生效。PDPA 的修正案于 2020 年 11 月 2 日生效。PDPA 没有明确给出敏感信息的范围，但从过去监管机构的决定中可以把以下种类的个人信息视作敏感个人信息，主要包括：医疗数据、财务数据、破产状况、儿童的个人信息、个人识别符。

标准条款 ▷ 3.5

健壮性 robustness

描述网络关键设备或部件在无效数据输入或者在高强度输入等环境下，其各项功能可保持正确运行的程度。

[来源：GB/T 28457-2012，3.8，有修改]

一、目的和意图

本条款给出网络关键设备或部件健壮性的定义。

二、条款释义

在 GB/T 28457-2012 中，对于健壮性的定义为：健壮性是描述一个系统或者一个组件在无效数据输入或者在高强度输入等环境下，其各项功能可保持正确运行的程度。在本条款中，将系统或组件明确为网络关键设备或部件。

健壮性又称鲁棒性，是衡量系统、设备或组件收到规范要求以外的输入时的处理能力。所谓健壮的系统，就是对于规范要求以外的输入能够判断出这个输入不符合规范要求，并能提供合理的处理方式，反映了系统在异常和危险情况下的生存能力。比如，网络关键设备路由器的路由协议在输入长度超长的路由更新报文、非 IPv4/IPv6 格式的路由报文、网络过载或故意攻击情况下，协议能否不重启、能否正常交互信息，体现的就是该协议软件的健壮性。

通过设计不同类型的输入来检测设备或者组件的健壮性是一个通常的测试思路。考虑到软硬件的错误更可能出现在输入变量的极限值附近。因此，在健壮性测试中，对某一个输入变量，测试所采用的输入应包括 7 种情况：最小值、略小于最小值的值、略高于最小值的值、正常值、最大值、略高于最大值的值、略低于最大值的值。如果输入中包括多个变量，则还需要测试组合各个变量测试值的情况下设备软硬件的健壮性。由此也可以看出，输入变量越多的软件或系统，测试的复杂度越高。

此外，软件或系统的健壮性还需要考虑到该软件或系统的可移植性。可移植性好的软件可以适配于不同的操作系统，这可以理解为更高层面的健壮性设计。

标准条款　3.6

私有协议 private protocol

专用的、非通用的协议。

▶ 条 款 解 读

一、目的和意图

本条款给出网络关键设备中私有协议的定义。

二、条款释义

私有协议也称非标准协议，是未经国际、国家、行业、团体等标准化组织采纳或批准，为某个企业自己制定，协议实现细节不公开，只在企业自己生产的设备之间使用的协议。私有协议本质上是厂商内部使用的标准，除非授权，否则其他厂商一般无权使用该协议。

现代通信网络是一个复杂的大系统，由众多的设备通过复杂的流程才能实现端到端的通信功能。互联互通是通信网络的基本要求。为了实现互联互通，各种设备必须遵循共同的规范和约定，这就是通信标准或协议。因此公开的标准、协议对通信网络互联互通的实现极为重要。ITU 和 3GPP 负责相关的通信标准的制定。但与传统的通信网有所不同，互联网是一个新生事物，发展迅速，一开始只有少数企业提供网络设备，但由于标准的制定也需要一定时间，标准相对于产品有一定的滞后性，因而出现了没有合适的标准可遵循的局面，在相当长的时间里，设备产品提供者的"私有协议"就成了互联网上的实施标准。

网络关键设备 critical network device

支持联网功能，在同类网络设备中具有较高性能的设备，通常应用于重要网络节点、重要部位或重要系统中，一旦遭到破坏，可能引发重大网络安全风险。

注：具有较高性能是指设备的性能指标或规格符合《网络关键设备和网络安全专用产品目录》中规定的范围。

条 款 解 读

一、目的和意图

本条款给出网络关键设备的定义。

二、条款释义

在《网络安全法》中，对于网络关键设备没有给出明确的定义。在实际的操作中，采用白名单的方式进行管理，即采用目录的方式发布哪些网络设备属于网络关键设备。网络关键设备第一批目录见第 2 章表 2-1。

在本标准的制定过程中，考虑到网络关键设备的目录可能扩展，但标准的修订需要一段较长的时间，因此，在标准中对于网络关键设备给出了一个定义，从设备的应用场合和设备遭到破坏后所面临的网络安全风险两个方面来定义网络关键设备，以便于标准具有一定的后向适用性。对于网络关键设备的定义，涉及 4 个要点，分别是联网功能、较高性能、应用于重要网络场合、遭到破坏会带来重大网络安全风险。满足以上 4 个要求的网络设备可以列入网络关键设备的目录。

标准条款 3.8

异常报文 abnormal packet

各种不符合标准要求的报文。

▶ 条 款 解 读

一、目的和意图

本条款给出网络关键设备在实际使用过程中可能收到的与标准定义不符合的异常报文的定义。

二、条款释义

在网络关键设备所使用到的协议中，通常会对报文的格式给出明确的定义，规定报文由哪些字段构成、各个字段的含义是什么、如何发送报文、对于接收到的报文如何处理等。

但在网络设备的实际运行环境中，报文在传送的过程中可能遭到损坏，也可能被攻击者恶意篡改，以便他们发动攻击。具体来说，异常的报文可能是以下几种。

（1）报文的大小与标准的定义不符。在标准中，通常会给出报文的最小的长度和最大的长度，以便在具体编码实现的时候，可以为报文分配特定长度的内存空间。小于或大于标准长度的报文即为异常的报文。

（2）在报文长度正常的情况下，结构定义不符合标准要求的报文也是异常报文。例如在协议中版本号字段采用的是 4bit 的空间，如果将该字段修改为 8bit，则此报文也是异常报文。

（3）在字段长度符合标准的情况下，所填充的值与标准规定的不一致，或者不在标准规定的值范围内的报文，也是异常报文。例如某字段可以填充的值是 1～3，则如果填充的值为 0 或者大于 3 的报文即为异常报文。

报文中各字段值的组合异常，与标准规定的不符，此类报文也是异常的报文。例如 TCP 报文标志位包括 URG、ACK、PSH、RST、SYN、FIN 6 位，攻击者通过发送非法 TCP 标志位组合的报文，对主机造成危害。TCP 报文异常的组合包括：

- 6 个标志位全为 1。
- 6 个标志位全为 0。
- SYN 和 FIN 位同时为 1。
- SYN 和 RST 位同时为 1。
- FIN 和 RST 位同时为 1。
- PSH、FIN 和 URG 位同时为 1。
- 仅 FIN 位为 1。
- 仅 URG 位为 1。
- 仅 PSH 位为 1。
- SYN/RST/FIN 标记位为 1 的分片报文。
- 带有载荷的 SYN、SYN-ACK 报文。

标准条款 　3.9

用户 user

对网络关键设备进行配置、监控、维护等操作的使用者。

▶ 条 款 解 读

一、目的和意图

本条款给出网络关键设备用户的定义。

二、条款释义

就设备而言，对于用户的理解可以从两个角度考虑。对设备进行配置、监控、维护等操作的使用者可以称为用户，利用设备收集、传输、存储、处理信息的使用者也可以称为用户。在本条款中，用户指的是对设备进行配置、监控、维护等操作的使用者，例如网络的管理员、配置人员或者网络设备日志信息的审计人员。

用户可以通过分配的账号和设定的口令向网络关键设备进行身份鉴别，并获取相关授权。

标准条款 3.10

预装软件 pre-installed software

设备出厂时安装或提供的、保障设备正常使用必需的软件。

注：不同类型设备的预装软件存在差异。路由器、交换机的预装软件通常包括引导固件、系统软件等，服务器的预装软件通常包括带外管理软件等。

▶ **条 款 解 读**

一、目的和意图

本条款给出网络关键设备中出厂时安装或提供的软件的定义。

二、条款释义

预装软件是为了保证设备的基本功能和正常的使用，在提交给用户之前必须安装在设备上的软件，或者随设备提供给用户，在使用之前必须安装的软件。预装软件主要包括三大类。

（1）操作系统基本组件，如系统内核应用、虚拟机应用、网络浏览引擎等。

（2）保证网络设备硬件正常运行的驱动程序，如网络接口驱动、时钟接口驱动、串行接口驱动等。

（3）基本管理应用：如 TFTP、Telnet 等。

关于预装软件的规定，最早出现在智能终端方面。2016 年 12 月 16 日，工业和信息化部印发《移动智能终端应用软件预置和分发管理暂行规定》。该暂行规定规范了移动智能终端生产企业（以下简称生产企业）的移动智能终端应用软件预置行为，以及互联网信息服务提供者提供的移动智能终端应用软件分发服务，要求生产企业应在终端产品说明书中提供预置软件列表信息，并在终端产品说明书或外包装中标示预置软件详细信息的查询方法。该暂行规定提出了智能终端的软件分为基本功能软件和其他的软件，并要求除基本功能以外的移动智能终端应用软件可卸载。该暂行规定还明确了移动智能终端预置应用软件的定义，是指由生产企业自行或与互联网信息服务提供者合作在移动智能终端出厂前安装的应用软件。从该定义可以看出，智能终端的预置软件包括两个部分，即基本功能软件和生产企业认为其他有必要的软件。从智能终端关于预置软件的描述来看，网络关键设备中的预装软件与智能终端中的基本功能软件定位类同。

相对于智能终端设备允许用户在后期自行安装其他应用软件的开放性，网络关键设备出于安全性的考虑，通常不允许最终用户自行安装应用软件。

第 5 节 缩略语

标准条款 4

下列缩略语适用于本文件：

HTTP	超文本传输协议	（Hypertext Transfer Protocol）
IP	网间互联协议	（Internet Protocol）
MAC	媒体访问控制	（Media Access Control）
SNMP	简单网络管理协议	（Simple Network Management Protocol）
SSH	安全外壳协议	（Secure Shell）

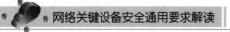

| TCP | 传输控制协议（Transmission Control Protocol） |
| UDP | 用户数据报协议（User Datagram Protocol） |

▶ 条 款 解 读

一、目的和意图

本条款给出 GB 40050-2021 标准中用到的缩略语。

二、条款释义

一般情况，对于在标准正文中多次出现的缩写，列入标准的缩略语部分。

第3章　设备标识安全

第1节　硬件标识

标准条款　5.1a

a）硬件整机和主要部件应具备唯一性标识。

注1：路由器、交换机常见的主要部件：主控板卡、业务板卡、交换网板、风扇模块、电源、存储系统软件的板卡、硬盘或闪存卡等。服务器常见的主要部件：中央处理器、硬盘、内存、风扇模块、电源等。

注2：常见的唯一性标识方式：序列号等。

▶ 条 款 解 读

一、目的和意图

本条款对网络关键设备硬件整机和主要的部件的硬件标识做出要求。

二、条款释义

本条款主要规范网络关键设备硬件整机和主要的部件的标识。要点有两处：一是需要有标识的对象是硬件整机和主要的部件，二是标识要满足唯一性的要求。

物品标识用于区分物品的个体，实现物品的可追溯性，防止物品在流转的过程中发生混淆，因此要求具有唯一性。

标识分为物品标识、状态标识、内容物标识。状态标识表明当前物品的状态，例如处于运行、维修、停用、报废的状态。内容物标识表明该物品中所保存的物质的名称。

本标准条款在制定的过程中参考了服务器设备的相关标准。

GB/T 25063-2010《信息技术安全 服务器安全测评要求》中对四级的服务器和服务器的关键部位（包括硬盘、主板、内存、处理器、网卡等组件、附件）的标签标识提出了设置的要求，并且要求对标签标识采取有效的保护措施。

哪些部件是主要部件？这与具体的网络关键设备相关。路由器和交换机常见的主要部件包括主控板卡、业务板卡、交换网板、风扇模块、电源、存储系统软件的板卡、硬盘或闪存卡等。服务器常见的主要部件包括中央处理器、硬盘、内存、风扇模块、电源等。对于 PLC 设备，常见的主要部件是中央处理器、存储器、输入单元、输出单元等。

三、示例说明

硬件整机和主要部门常见的唯一性标识方式是序列号，序列号可以用实体的方式粘贴、印刷、刻写在物品上，也可以采用电子方式写入物品的存储区，使用配套的工具进行读取并显示出来，或者是几种方式同时使用。

1. 路由器硬件唯一性标识（阴影部分代表对应标准要求的内容，下同）

（1）整机唯一性标识，如图 3-1 所示。

```
Router(config)# show devid
Shelf          system devid
============================================================
0          100110012A2A222A271548501009
------------------------------------------------------------
```

图3-1　整机唯一性标识

（2）主控板卡唯一性标识，如图 3-2 所示。

```
Router (config) # show serial number 0 11
[MPU, shelf 0, slot 11]
Assembly Serial Number: 286642900004
MPU-0/11/0:
SN Version          : V1.0
Serial Number       : 286643300012
Manufacture Date    : 150915
BoardId             : 0x8a21
Board Version       : 130201
BomId               : 0x03
```

图3-2　主控板卡唯一性标识

2．服务器硬件唯一性标识（线框中内容代表对应标准要求的内容，下同）

（1）整机唯一性标识，如图3-3所示。

图3-3　整机唯一性标识

（2）硬盘唯一性标识，如图3-4所示。

图3-4　硬盘唯一性标识

（3）内存，扫描二维码可以得到 SN 码，每条内存的 SN 码是唯一的，如图 3-5 所示。

图3-5　内存唯一性标识

第 2 节　软件标识

标准条款　**5.1b**

b）应对预装软件、补丁包 / 升级包的不同版本进行唯一性标识。

注：常见的版本唯一性标识方式：版本号等。

▶ 条 款 解 读

一、目的和意图

本条款对网络关键设备的软件标识做出要求。

二、条款释义

本条款主要规范网络关键设备软件的标识。要点有两处：一是需要有标识的对象是预装软件、补丁包 / 升级包，二是标识要满足唯一性的要求。

软件标识和硬件标识的作用是一样的，防止物品在流转的过程中发生混淆，要求具有唯一性。软件的唯一性标识和硬件的唯一性有所不同，硬件的唯一性标识需要能够区分每一个物品个体，但软件的唯一性标识不需要区分每一个副本。

在实际工作中可以通过技术手段保证软件的每一个副本是相同的，而每一个硬件，即便是同一个批次生产的，还是可能存在细微的差别。因此，在软件的唯一性标识要求上，只要能够做到不同版本的软件采用不同的标识即可。

本标准条款在制定的过程中参考了服务器和 PLC 的相关标准。

GB/T 20011-2005《信息安全技术 路由器安全评估准则》要求对路由器的每一个版本采用的版本号应是唯一的。

GB/T 33008.1-2016《工业自动化和控制系统网络安全 可编程序控制器（PLC）第 1 部分：系统要求》要求 PLC 系统应对所有合法软件进程拥有唯一标识认证的能力。

在具体的实现中，通常采用版本号来作为软件版本的唯一性标识。

软件版本号由 4 部分组成，通常用 X.Y.Z.DATE_ 希腊字母的方式表示。X、Y、Z 均为非负整数，采用递增的规则。其中：

X：为主版本号，用来表示软件的主要功能发生变化。主版本号的增加说明软件已经拥有了一个全新的功能类。

Y：为特征版本号，用来表示软件新增了一些特征，或者是对原有的特征进行了重要的修改。

Z：为修订版本号，用来记录对该版本的缺陷维护行为。

DATE：版本确定的日期。

Alpha 版：表示该软件在此阶段主要是以实现软件功能为主，该版本软件的 bug 较多，需要继续修改，通常只用于内部交流测试用。

Beta 版：该版本相对于 Alpha 版消除了严重的错误，但还是存在着一些缺陷，需要经过多次测试来进一步消除。

RC 版（Release Candidate，最终测试）：该版本已经相当成熟了，基本上不存在导致错误的 bug，即将作为正式版发布。

Release 版：该版本意味"最终版本"，是最终交付用户使用的一个版本，该版本有时也称为标准版。

例如：1.1.1.051021_Beta，第一个1为主版本号，第二个1为子版本号，第三个1为阶段版本号，第四部分为日期版本号加希腊字母版本号，希腊字母版本号共有5种，分别为Base、Alpha、Beta、RC、Release。

三、示例说明

（1）路由器、交换机软件唯一性标识，如图3-6所示。

×××ZXR10 Software, Version: M6000-SV5.00.10(5.50.4), Release software
Copyright (c)2021 by ××× Corporation
Built on 2021/02/25 09:35:24
System image file is <sysdisk0: verset/m6000-sv5.00.10. R8B7P03 0225.rel.set>

图3–6　路由器、交换机软件唯一性标识

（2）服务器预装软件BMC和BIOC不同版本的唯一性标识，如图3-7所示。

固件版本信息	
BMC	1.19.33 (2020-11-09 22:25:09)
BIOS	4.1.13 (12/29/2020)

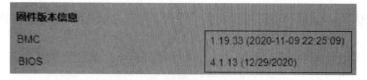

图3–7　服务器预装软件的唯一性标识

第4章　冗余、备份恢复与异常检测

第1节　冗余

标准条款　5.2a

a）设备整机应支持主备切换功能或关键部件应支持冗余功能，应提供自动切换功能，在设备或关键部件运行状态异常时，切换到冗余设备或冗余部件以降低安全风险。

注：路由器、交换机常见的支持冗余功能的关键部件：主控板卡、交换网板、电源模块、风扇模块等。服务器常见的支持冗余功能的关键部件：硬盘、电源模块、风扇模块等。

▶ 条款解读

一、目的和意图

本条款提出网络关键设备在主备切换和冗余方面的要求。

二、条款释义

本条款主要规范网络关键设备冗余方面的要求。要点有3处：一是网络关键设备整机支持主备切换，二是网络关键设备关键部件支持冗余功能，三是要能支持自动切换。对于网络关键设备而言，主备切换功能和关键部件支持冗余功能应至少支持一种。

考虑到网络设备通常处于网络的重要位置，一旦遭到破坏，可能引发重大网络安全风险。因此，本标准提出网络关键设备整机在出现故障或者遭到破坏时，能够自动切换到备用设备上，关键部件在出现故障或者遭到破坏时，能够自动切换到冗余的部件上。

本标准条款在制定的过程中参考了路由器、服务器和 PLC 的相关标准。

GB/T 18018-2019《信息安全技术 路由器安全技术要求》对于框式路由器提出了冗余设计的要求，要求插卡、接口、电源部件支持冗余与热插拔等功能，能够安装双引擎和双电源模块，在具体的实现上提出路由器可以通过虚拟路由冗余协议 VRRP 组成路由器机群来实现冗余。

GB/T 25063-2010《信息技术安全 服务器安全测评要求》提出第四级服务器的硬盘、风扇、电源、PCI 适配器、网卡和内存的热插拔功能要求，以及电源、硬盘的冗余措施。

GB/T 33008.1-2016《工业自动化和控制系统网络安全 可编程序控制器（PLC）第 1 部分：系统要求》提出了在不影响现有安全状态的条件下提供与紧急电源之间进行切换的能力要求。

在本标准中，主备切换指的是在主用和备用网络关键设备之间的切换。在正常的条件下，由主用设备承担设备的功能，当主用设备发生故障时，通过预先设定的选择策略将主用设备的工作交由备用设备接管，从而避免了对设备功能的影响。对于设备支持主备切换功能，有一个隐含的前提要求，那就是设备要支持某种协议，以便在主用和备用设备之间同步设备工作状态和设备配置信息。

冗余有两种含义，第一种含义是指多余的不需要的部分，第二种含义是指在网络关键设备中人为增加重复部分，其目的是用来对原本的单一部分进行备份，以达到增强其安全性的目的。在本标准中，冗余指的是第二种含义。

冗余的具体实现有下面 6 种方式：

（1）利用虚拟路由冗余协议（Virtual Router Redundancy Protocol，VRRP）实现网络设备主备切换。利用 VRRP 协议，把几台路由器设备联合虚拟成为一台路由器设备，如图4-1所示。

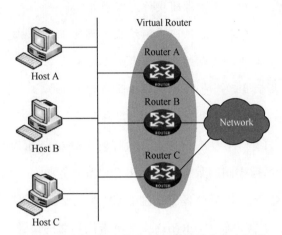

图4-1 利用VRRP协议实现网络设备主备切换

各主机将虚拟路由设备的 IP 地址作为默认网关，实现与外部网络通信。当承担转发任务的主路由器设备发生故障时，VRRP 机制能够选举新的路由器设备承担数据流量，从而保障网络的可靠通信。

VRRP 协议具有以下特点：

- 虚拟路由器具有 IP 地址，称为虚拟 IP 地址。局域网内的主机仅需要知道这个虚拟路由器的 IP 地址，并将其设置为缺省路由的下一跳地址。

- 网络内的主机通过这个虚拟路由器与外部网络进行通信。

- 备份组内的路由器根据优先级，选举出主用路由器，承担网关功能。其他路由器作为备用路由器，当主用路由器发生故障时，取代主用路由器继续履行网关职责，从而保证网络内的主机不间断地与外部网络进行通信。

（2）设备冗余电源。冗余电源由两个完全一样的电源组成，由芯片控制电源进行负载分担，当一个电源出现故障时，另一个电源马上可以接管其工作，在更换故障电源后，两个电源继续协同工作，提高网络设备供电部件的可用性。冗余电源有 3 种配置形式：

- 1+1 配置：表示有一个电源模块网络设备即可正常工作，但在配置上是两个电源模块，其中一个电源模块作为冗余电源。

- 2+1 配置：表示有两个电源模块网络设备即可正常工作，但在配置上是 3 个电源模块，其中一个电源模块作为冗余电源。

- 2+2 配置：表示有两个电源模块网络设备即可正常工作，但在配置上是 4 个电源模块，其中两个电源模块作为冗余电源。

（3）存储系统冗余。使用独立磁盘冗余阵列（Redundant Array of Independent Disks，RAID）技术把相同的数据存储在多个硬盘的不同的地方，平衡输入 / 输出操作，改良输入 / 输出性能。多个硬盘增加了平均故障间隔时间（MTBF），储存冗余数据也增加了容错能力。RAID 还支持直接相互的镜像备份，从而大大提高了 RAID 系统的容错度，提高了系统的稳定性。

（4）CPU 冗余。可以采用对称多处理（Symmetrical Multi-Processing，SMP）技术来实现 CPU 的冗余，在一个计算机上汇集了一组处理器（大于等于两个 CPU），各 CPU 之间共享内存子系统以及总线结构。操作系统将任务队列对称地分布于多个 CPU 之上，从而极大地提高了整个系统的数据处理能力。在 SMP 中，系统资源被系统中所有 CPU 共享，所有的处理器都可以平等地访问内存、I/O 和外部中断，工作负载能够均匀地分配到所有可用处理器之上。平常所说的双 CPU 系统（"2 路对称多处理"）即为 SMP 系统中的一种典型配置。

（5）通信线路的冗余。在传输网络中，出于系统安全和可靠性等方面的考虑，通常采用保护倒换技术来实现通信信道的冗余。具体有 3 种方式：

- 1+1 方式：发送端在主备两个信道上发送同样的信息（并发），接收端在正常情况下接收主用信道上的业务，因为主备信道上的业务一模一样（均为主用业务），所以在主用信道损坏时，通过切换接收备用信道而使主用业务得以恢复。此种倒换方式又叫作单端倒换（仅接收端切换)，倒换速度快,但信道利用率低。

- 1 ∶ 1 方式：在正常时发送端在主用信道上发主用业务，在备用信道上发其他业务（低级别业务）。接收端从主用信道接收主用业务，从备用信道接收其他业务。当主用信道损坏时，为保证主用业务的传输，发送端将主用业务发送到备用信道上，接收端将切换到从备用信道接收主用业务，此时其他业务被终结，主用业务传输得到恢复。这种倒换方式称为双端倒换（收 / 发两端均进行切换），倒换速率较慢，但信道利用率高。

- 1 ∶ n 方式：指一条备用信道保护 n 条主用信道，这时信道利用率更高，但一条备用信道只能同时保护一条主用信道，系统可靠性降低。

（6）主控板冗余。通过配置两块主控板来实现。主控板的冗余切换分为热切换和热备份两种类型。热切换是指在有两块主控板的分布式系统中，对其主控板进行 1 + 1 的冗余备份；其中主控板的主用板和备用板保持实时通信，在备用主控板上保持一份与主用主控板上同样的数据；主用主控板周期性向备用主控板发送"心跳"报文，备用主控板一旦检测到"心跳"报文终止或者收到主用主控板的切换通知，则判定主用主控板发生了故障，开始接替主用主控板的工作，从而实现了热切换。而热备份就是在系统启动之后，主用主控板周期性地将配置信息备份到备用主控板。当备用主控板检测到主用主控板发生了故障停止工作或接收到强制切换的命令时，将接替主用主控板。

三、示例说明

（1）路由器、交换机冗余功能，以及设备主备切换功能。当系统主用主控板异常时，系统自动切换到备用主控板，如图 4-2 所示。

（2）PLC 设备冗余功能。大型 PLC 支持控制器冗余功能。如图 4-3 所示，控制器内分为电源模块、CPU 模块、冗余同步模块、通信模块。PLC 系统由两套完全相同的控制器组成，控制器运行时一个是主控制器，另一个是热备控制器，当主控制器中的模块出现故障时，系统会自动切换到热备控制器运行。

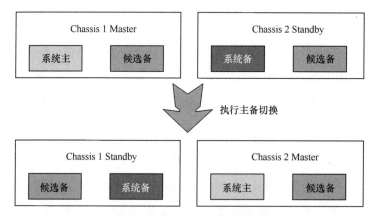

图4-2　设备主备切换功能

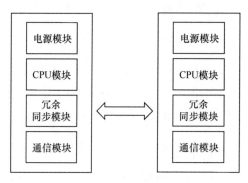

图4-3　PLC设备冗余功能

第2节　备份与恢复

标准条款 5.2b

b）应支持对预装软件、配置文件的备份与恢复功能，使用恢复功能时支持对预装软件、配置文件的完整性检查。

一、目的和意图

本条款提出网络关键设备对预装软件、配置文件备份及恢复时的要求。

二、条款释义

本条款主要规范网络关键设备备份与恢复方面的要求。要点有 3 处：一是网络关键设备支持备份与恢复功能，二是备份与恢复的对象是预装软件和配置文件，三是恢复时要支持对文件的完整性检查。

网络设备可能面临硬件损坏或网络攻击，导致文件、数据丢失或损坏等意外情况发生，将网络设备中的软件、配置信息等文件、数据复制到外部存储设备中的备份操作是提高网络安全性的必要手段。此外，为降低软件或配置信息被篡改或被植入恶意代码的风险，在恢复预装软件和配置文件的过程中，对于软件和配置信息进行完整性检查也是很有必要的。为此，本标准条款提出了备份和恢复方面的要求。

在本条款中，要求设备能够支持预装软件和配置信息的备份输出功能，至于备份输出之后，预装软件和配置信息采用本地存储还是远程异地存储的方式，不在本标准的考虑范围之内。本标准同时提出了备份之后的预装软件和配置信息的恢复要求，即能够将备份之后的副本重新加载到设备中，并要求设备能够正常工作。需要注意的是，重新加载的副本的版本可能与当前网络设备使用的版本不同，可能比当前正在使用的版本高，也可能比当前正在使用的版本低，这也意味着设备应该能够支持版本的升级和降级的操作。

本标准条款在制定的过程中参考了交换机、服务器和 PLC 的相关标准。

GB/T 21050-2019《信息安全技术 网络交换机安全技术要求》提出网络交换机的系统文件和配置参数冗余备份，备份文件应以符合网络安全策略的方式存储，以便保证文件的完整性和保密性，另外应能由备份文件充分地复现网络交换机的配置，以用于在出现失败事件或安全泄密的情况下恢复网交换机的功能。

GB/T 25063-2010《信息技术安全 服务器安全测评要求》对第四级服务器的备份与故障恢复功能提出了要求，包括对重要的信息和部件进行备份的功能以及对重要的信息和部件进行恢复的功能、数据备份的周期和策略等。

GB/T 33008.1-2016《工业自动化和控制系统网络安全 可编程序控制器（PLC）第 1 部分：系统要求》提出数据备份系统应在不影响工厂正常运行的情况下进行，系统应有能力执行用户级和系统级备份（包含系统状态信息），备份自动化控制系统应提供按照可配置的频率自动备份的能力，当遭受攻击而造成系统中断或故障时，PLC 系统应提供恢复和重构到已知的安全状态的能力。

备份可以分为系统备份和数据备份。系统备份指的是将预装软件（如操作系统）副本事先存储在外部的存储设备中，防止预装软件因内部存储器（如硬盘、Flash 卡）损伤或损坏，或者遭受恶意程序攻击或人为误删除等原因造成的系统文件丢失。数据备份指的是将网络关键设备配置信息、运行数据等的副本存储在外部的存储设备中，用于恢复数据时使用。

备份是容灾的基础，比较常见的备份方式有：

- 本地关键数据备份：实时向本地备份设备发送关键数据。
- 本地完整备份：利用高速通道和磁盘控制技术将磁盘镜像传输到本地存储设备，磁盘镜像数据与主磁盘数据完全一致。
- 远程关键数据备份：实时向远程备份设备发送关键数据。
- 远程完整备份：利用高速通道和磁盘控制技术将磁盘镜像传输到远程存储设备，磁盘镜像数据与主磁盘数据完全一致。
- 网络数据备份：通过高速网络将数据和文件备份传输到远程备份设备。

容灾备份分为 7 个等级，如表 4-1 所示。

表4-1　容灾备份等级

级别	具体描述
0级：无异地备份	0等级容灾方案数据仅在本地进行备份，没有在异地进行备份，未制定灾难恢复计划。这是成本最低的灾难恢复解决方案，但不具备真正灾难恢复能力。在这种容灾方案中，最常用的是备份管理软件加上本地存储设备。优点是用户投资较少，技术实现简单。缺点是一旦本地发生毁灭性灾难，将丢失全部的本地备份数据，业务无法恢复
1级：实现异地备份	第1级容灾方案是将关键数据备份到本地备份介质上，然后送往异地保存，但异地没有可用的备份中心、备份数据处理系统和备份网络通信系统，未制定灾难恢复计划。灾难发生后，使用新的主机，利用异地数据备份介质将数据恢复。这种方案成本较低，可以在本地发生毁灭性灾难后，利用从异地送送过来的备份数据恢复业务。缺点是难以管理，恢复时间长短取决于硬件平台的准备时间
2级：热备份站点备份	第2级容灾方案是将关键数据进行备份并采用交通运输方式将备份存放到异地，制定有相应的灾难恢复计划，具有热备份能力的站点灾难恢复。一旦本地发生灾难，可利用热备份主机系统将数据恢复。它与第1级容灾方案的区别在于异地有一个热备份站点，该站点有主机系统，当灾难发生时可以快速接管应用，恢复业务。缺点是用户投资会增加，相应的管理人员要增加
3级：在线数据恢复	第3级容灾方案是通过网络将关键数据进行备份并存放至异地，制定有相应的灾难恢复计划，有备份中心，并配备部分数据处理系统及网络通信系统。该等级方案的特点是用电子数据传输取代交通工具传输备份数据，从而提高了灾难恢复的速度。这一等级方案的缺点是由于备份站点要持续运行，对网络的要求较高，因此成本相应有所增加
4级：定时数据备份	第4级容灾方案是在第3级容灾方案的基础上，利用备份管理软件自动通过通信网络将部分关键数据定时备份至异地，并制定相应的灾难恢复计划。一旦本地发生灾难，利用备份中心已有资源及异地备份数据恢复关键业务。这一等级方案的优点是备份数据是采用自动化的备份管理软件备份到异地，异地热备中心保存的数据是定时备份的数据，根据备份策略的不同，数据的丢失与恢复时间达到天或小时级。缺点是对备份管理软件设备和网络设备的要求较高，投入成本增加
5级：实时数据备份	第5级容灾方案是在前面几个级别的基础上使用了硬件的镜像技术和软件的数据复制技术，也就是说，可以实现在应用站点与备份站点的数据都被更新。数据在两个站点之间相互镜像，在灾难发生时，仅有极少部分的数据丢失，恢复的时间被降低到了分钟级或秒级。由于对存储系统和数据复制软件的要求较高，所需成本也会大大增加。由于这一等级的方案既能保证不影响当前交易的进行，又能实时复制交易产生的数据到异地，所以是目前应用最广泛的一类

级别	具体描述
6级：零数据丢失	第6级容灾方案是灾难恢复中最昂贵的方式，也是速度最快的恢复方式，它是灾难恢复的最高级别，利用专用的存储网络将关键数据同步镜像至备份中心，数据不仅在本地进行确认，而且需要在异地（备份）进行确认。灾难发生时异地容灾系统保留了全部的数据，实现零数据丢失。这一等级的方案对存储系统和存储系统专用网络的要求很高，需要用户投入巨大成本，因此主要被大型企业和电信运营商所采用

三、示例说明

1. 路由器、交换机备份与恢复功能

（1）备份版本文件。

```
Router# copy ftp vrf m
Router# sf mng root:/sysdisk0/verset/m6000-5v5.00.10.R8B7P020224.rel.set 10.229.96.2 username
l5k path /test2/test.set
Password required for 15k.
Enter password:********
Connect successfully! Start copying file
    1% completed  00:24:08 ETA
```

（2）备份配置文件。

```
Router# copy ftp vrf mng root: /sysdisk0/DATA0/startrun.dat 10.229.96.2 username 15k path/
test2/test.dat
Password required for 15k.
Enter password:********
Connect successfully! Start copying file
100% completed 00: 00: 02
Put file successfully! Sent 2882094 bytes
```

（3）设备从备份的文件中恢复配置，查看设备配置与备份前一致。

```
Router# startrun download vrf mng ftp 10.229.96.2 username 15k path /test2/test.dat
The operation will overwrite the previous file.
Are you sure? [yes/no]:yes
Password required for 15k
Enter password:********
Start download....[ok]
```

（4）设备加载修改后的版本文件，无法启动。

```
Router(config)#product manage
Router(Config-pm)#install add vrf mng ftp //15k@10.229.96.2/test2/test.set
password:********
100% Downloaded
Begin Unpack
%Error 41053: The file has been damaged
```

2．服务器备份与恢复

配置文件被保存在 /conf/ 目录下，将配置文件划分为了鉴权、网络服务、IPMI 服务、NTP 服务、KVM 服务、SYSLOG 服务、SNMP 服务七大类。当用户触发配置收集动作时，BMC 将 /conf/ 下所有的目录进行备份供用户导出；当用户进行配置导入时，BMC 会将配置文件恢复到 /conf/ 目录下，通过重启 BMC 可以使得新配置生效，如图 4-4 所示。

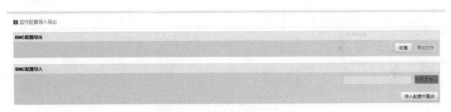

图4-4　BMC配置导出/导入

3．PLC 设备备份与恢复功能

PLC 设备具备对固件（预装软件）、工程文件（用户配置文件）的备份与恢复功能，其中固件分为工厂可更新部分和用户可更新部分。用户可更新部分允许用户自行升级固件。该功能通过 PLC 厂商提供的组态软件工具或专用维护工具实现。专用工具与控制器交互时，必须先通过权限验证，再执行备份或恢复功能，如图 4-5 所示。

执行备份固件、工程文件后，控制器将文件通信传输给专用工具，其将文件保存在用户指定的路径。备份文件是加密保存的。

执行恢复固件、工程文件时，用户通过专用工具选择之前备份的文件，专用工具将文件解密后传输给控制器，控制器执行恢复操作。

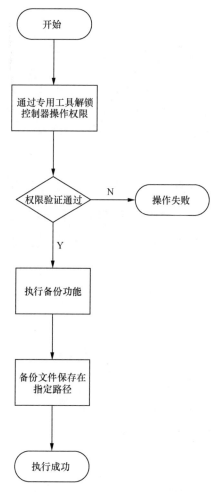

图4-5 PLC设备文件备份流程

第3节 异常检测

标准条款 5.2c

c）应支持异常状态检测，产生相关错误提示信息。

一、目的和意图

本条款提出网络关键设备在运行中发现部件工作状态异常时的要求。

二、条款释义

本条款主要规范网络关键设备异常检测的要求。要点有两处：一是网络关键设备支持异常状态检测；二是检测到异常状态后要生成错误提示。

网络关键设备通常应用于重要网络节点、重要部位或重要系统中，一旦遭到破坏，可能引发重大网络安全风险。为降低网络关键设备中断服务的风险，保障设备安全可靠运行，网络关键设备在运行的过程中有必要监控设备的状态，对于超出设定阈值的异常情况，设备要进行故障诊断，对发生的故障进行分析和判断，报告故障的性质、类别、程度、原因和部位等。通常情况下，异常的状态和相关的提示信息要写入设备的日志记录。因此，本标准条款提出了状态检测和报告的要求。

本标准条款在制定的过程中参考了交换机、服务器的相关标准。

GB/T 21050-2019《信息安全技术 网络交换机安全技术要求》提出网络交换机应有发现元件、软件或固件失败或错误的能力，网络交换机应提供安全相关事件的告警能力和失败或错误提示的告警能力。

GB/T 25063-2010《信息技术安全 服务器安全测评要求》对第四级服务器的工作状态监控提出要求，包括电源、风扇、机箱、磁盘控制、关键软件等关键软硬件可通过管理接口监控，发生故障有报警功能，故障应记入日志供后续审计等。

网络关键设备的状态监测通常利用设备内置的传感器、计数器、统计等技术手段，按照设定的监测点进行间断或连续的（周期）监测，来判定设备是处于正常状态还是异常状态。设备可监测的动态参数有电源电压、电流、温度，风扇转速、振动，CPU 利用率，内存利用率、程序对堆栈的使用，接口数据包及差错统计信息，接口的状态，板卡的状态，协议的状态，软件的运行状态等。状态监测的目的在于掌握设备发生故障之前的异常征兆与劣化信息，对设备运行状态进行评估，判定其处于正常或非正常状态，以便事前采取针对性措施，防止故障的发生。

根据状态监测所获得的信息，设备可以自主对发生的故障进行分析和判断，确定故障的性质、类别、程度、原因和部位，提出控制故障继续发展的措施，以及消除故障的措施，为设备维护提供正确的技术支持。

三、示例说明

1. 路由器、交换机状态查看和告警

（1）厂商 1 交换机状态监视。

序号	命令	用途
1	show process cpu his	查询 cpu 历史使用情况，用于定位某个时间段 cpu 占用率
2	show process cpu	查看设备占用 cpu 的情况，查看有哪些异常的 cpu 占用率
3	show memory detailed	查看交换机内存利用率
4	show environment status	查看交换机的电源、风扇信息
5	show environment temperature	查看交换机的温度
6	show log	查看交换机的 log 信息
7	show controllers	硬件接口类型的数据包及差错统计信息
8	show interface f0/0 counters errors	接口、硬件转发、控制平面硬件
9	Show stacks	监控和中断程序对堆栈的使用，并显示系统上一次重启的原因

（2）厂商 2 交换机状态监视。

序号	命令	用途
1	display cpu-usage	查看 cpu 利用率
2	display memory	查看内存目前利用率
3	display environment	查看当前温度
4	display fan	查看风扇状态
5	display power	查看电源状态
6	display patch-information allpatch	查看系统所有补丁的状态
7	display this interface	显示路由器当前接口视图的信息
8	compare configuration	用来比较当前配置与存储设备中配置文件内容是否一致

（3）厂商 3 交换机状态监视。

序号	命令	用途
1	display cpu-usage	查看 cpu 利用率
2	display memory	查看内存目前利用率
3	display environment	查看当前温度
4	display fan	查看风扇状态
5	display power	查看电源状态
6	display patch-information allpatch	查看系统所有补丁的状态
7	display this interface	显示路由器当前接口视图的信息
8	compare configuration	用来比较当前配置与存储设备中配置文件内容是否一致
9	display system restart	查看设备重启原因

（4）路由器线卡告警。

An alarm 400123 Io 196 Level 2 occurred at 10:46:04 03-19-2021 sent by Router MPU-0/11/0 % BOARD% Slot offline The slot =2 in shelf =0 is offline Reason: PhysicalResetInterrupt BoardSN: 719495600094

An alarm 400122 ID 195 level 2 occurred at 10:46:04 03-19-2021 sent by Router MPU-0/11/0 % BOARD% CPU offline PFU-0/2/0 is offline BoardSN:71949569094

（5）路由器交换网板告警。

An alarm 400123 Io 232 Level 2 occurred at 10:56:2l 03-19-2021 sent by Router MPU-0/11/ % BOARD% Slot offline The slot =8 in shelf is offline Reason: PhysicalResetInterrupt BoardSN: 723799900006
An alarm 400222 ID 231 Level 2 occurred at 10:56:21 03-19-2021 sent by Router MPU-0/11/ % BOARD% CPU offline SFU-8/8/8 is offline BoardSN:723799900006

（6）路由器电源告警。

An alarm 400304 ID 20 Level 3 occurred at 20: 12: 36 03-19-2021 sent by Router MPU-0/11/ % POWER% Power is offline! shelf =0, Group =0 Power-module =3 is offline BoardSN: NULL

2. PLC 设备异常检测

PLC 控制器具备自诊断功能，运行时会对系统各个部分进行诊断。当出现模块故障时（比如通信故障、设备故障等），控制器会记录运行日志，根据故障严重程度的不同，可能会点亮故障指示灯，如图 4-6 所示。

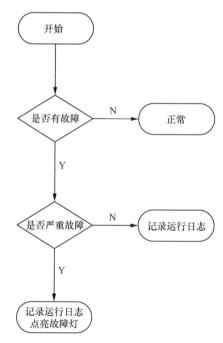

图4-6　PLC设备异常检测

第5章　漏洞和恶意程序防范

第1节　已公布漏洞

标准条款 5.3a

a）不应存在已公布的漏洞，或具备补救措施防范漏洞安全风险。

▶ **条 款 解 读**

一、目的和意图

本条款提出网络关键设备在漏洞方面的要求。

二、条款释义

本条款主要规范网络关键设备在漏洞方面的要求。要点有两处：一是针对已公开的漏洞，未公开的漏洞不在本条款的规制范围内；二是不应存在已公开的漏洞，如果短期内无法修复已公开的漏洞，则需要提出补救措施，补救措施要达到能够防范漏洞安全风险的目的。

漏洞的定义在标准的【3.3】给出。漏洞对于网络关键设备所带来的安全风险毋庸置疑，网络上对网络设备所进行的攻击有很多是利用了已经公开的漏洞，考虑到网络关键设备的应用场合，为保障整个网络的安全，按照《网络安全法》第二十二条的规定，本标准条款提出了漏洞相关的要求，尽量减少设备在投入使用之前就存在已公开的漏洞。

本标准条款在制定的过程中参考了路由器和交换机的相关标准。

GB/T 20011-2005《信息安全技术 路由器安全评估准则》提出设备的开发者应实施脆弱性分析，并提供脆弱性分布的文档，对所有已标识的脆弱性，文档应说明它们在可能的路由器应用场景中不能被利用。

GB/T 21050-2019《信息安全技术 网络交换机安全技术要求》提出网络交换机应安装最新的补丁，及时进行安全修复。

在理解这个条款的时候，有以下几个问题需要明确。

（1）已公开漏洞的参考时间节点是什么？众所周知，漏洞从被发现到被修复需要一定的时间。考虑到《网络安全法》第二十三条规定，"网络关键设备和网络安全专用产品应当按照相关国家标准的强制性要求，由具备资格的机构安全认证合格或者安全检测符合要求后，方可销售或者提供……"。因此，将参考的时间节点设为产品送检测机构的时间点最为合适，便于操作。从网络关键设备提供者的角度看，提供者有足够的时间修复好网络关键设备中存在的已公开漏洞。从检测机构的角度看，可以用这个时间节点的漏洞数据库来验证网络关键设备中是否存在已公开的漏洞。

（2）根据风险等级，漏洞分为高风险漏洞、中风险漏洞和低风险漏洞，是否所有等级的漏洞都不能存在？考虑到网络关键设备应用于重要网络节点、重要部位或重要系统中，一旦遭到破坏，可能会引发重大网络安全风险，因此，从保障网络安全的角度考虑，本条款中没有提出允许低风险的漏洞可以不用修复的要求，而是不区分漏洞的风险等级，统一要求不应存在已公开的漏洞。

（3）并不是所有的漏洞都能够被修复，或者在短时间内能够被修复，这种情况如何处理？在实际的产品开发中，确实存在修复漏洞需要时间较长，甚至较长时间内无法修复的情况。例如，在芯片和硬件层面出现的漏洞通常需要较长的时间修复，甚至需要替换芯片才能修复漏洞。对于这种情况，标准也允许提供替代的解决方案，即采取补救措施。补救措施的定义比较宽泛，但对于该漏洞，补救措施要达到减少甚至消除该漏洞所带来的风险才是最终的目的。

（4）如何判定为已公开的漏洞？判定用的公开渠道是什么？总的来说，只要是公开发布了相关信息的漏洞即可视为已公开的漏洞。公开渠道包括政府机构、专业技术组织、安全企业、设备提供者自身等。在实际的操作过程中，各级政府、各国的计算机应急响应中心、CVE、CNVD、CNNVD、各设备企业、各网络安全企业等发布的漏洞均视为已公开的漏洞。考虑到发布渠道是在动态变化中，因此，在标准中并没有明确公开渠道的具体信息。

（5）通过检测之后，出现了新的漏洞该如何处理？设备要暂停销售吗？设备提供者有责任执行具体的漏洞修复操作吗？随着时间的推移和技术的发展，新的设备漏洞会不断地被发现。新的漏洞的出现当然不意味着已经通过检测的设备不能继续销售或提供，但网络关键设备的提供者也不能因此就对新出现的漏洞无动于衷。按照《网络安全法》的要求，设备提供者应当立即采取补救措施，补救措施可以是提供漏洞的修复补丁，也可以是特定的减少或消除漏洞安全风险的配置文件。此外，设备提供者也应及时告知用户漏洞的存在以及补救措施的情况，同时向相关的政府管理部门报告。由此可以看出，在新的漏洞出现之后，设备提供者的责任是及时找到补救的措施、通知相关方，设备提供者并没有直接执行漏洞补救操作的义务，在实际的工作中，漏洞补救措施的具体落实是由设备的运营方来执行的。

（6）漏洞补救措施的推出时限有无具体的要求？《网络安全法》第二十二条规定："网络产品、服务的提供者不得设置恶意程序；发现其网络产品、服务存在安全缺陷、漏洞等风险时，应当立即采取补救措施"，对于补救措施的推出时限没有给出明确的限制，用的是"立即"。关于"立即"的理解，对于安全风险较大的，要及时告知用户采取方法措施，避免或减少损失；例如 2017 年爆发的 WannaCry 勒索病毒，如果产品存在被利用的漏洞，则厂家有义务在尽可能短的时间内提供补救措施，这个对于时限的要求是比较高的，可以是几个小时或是几天的要求，如果出现漏洞几个月都不修补的情况应该是不能接受的。而对于某些低风险漏洞，"立即"的时限要求没有这么高，几个月的时限也是可以接受的。

三、示例说明

（1）漏洞修复补丁，如图 5-1 所示。

图5-1　漏洞修复补丁示例

（2）漏洞补救措施，如图 5-2 所示。

图5-2　漏洞补救措施示例

第 2 节　恶意程序

标准条款 ▶ **5.3b**

　　b）预装软件、补丁包／升级包不应存在恶意程序。

▶ 条 款 解 读

一、目的和意图

本条款提出网络关键设备在恶意程序方面的要求。

二、条款释义

本条款主要规范网络关键设备在恶意程序方面的要求。要点有两处：一是针对的对象为预装软件、补丁包／升级包，二是明确了恶意程序不应存在的要求。

在标准的【3.3】中已经给出恶意程序的定义。《网络安全法》第二十二条规定网络产品和网络服务的提供者不得设置恶意程序，为落实法律的要求，本标准条款提出了预装软件、补丁包／升级包不应存在恶意程序的要求。关于恶意程序的要求，在标准中只是对于预装程序、补丁包／升级包提出了要求，因为这些软件都是由网络关键设备的提供者提供的，由提供者对相关软件的安全性负责。在实际的网络中，可能存在网络运营者在网络关键设备中安装第三方软件的可能性，或者安装自己编写的软件的可能性，对于这种情况，软件中是否存在恶意程序由网络运营者保证。

本标准条款在制定的过程中参考了服务器和 PLC 的相关标准。

GB/T 25063-2010《信息技术安全 服务器安全测评要求》对第四级服务器提出恶意代码防护功能的要求，包括恶意代码防护策略、恶意代码防护软件安装及运行情况。

GB/T 33008.1-2016《工业自动化和控制系统网络安全 可编程序控制器（PLC）第 1 部分：系统要求》规定了恶意代码防护的要求，包括：PLC 系统应提供安全能力，采用防护机制来防止、检测、报告和消减恶意代码或非授权软件的影响，在入口和出口点防护恶意代码，提供恶意代码防护的集中管理和报告等。

作为预装软件、补丁包 / 升级包的开发方，如何才能减少甚至避免在相关软件中存在恶意程序或漏洞的可能性？建立一套信息安全管理体系并持续改进是一个现实可行的解决方案。

信息安全管理体系（Information Security Management Systems，ISMS）是网络设备的提供者按照信息安全管理体系相关标准的要求，制定信息安全管理方针和策略，采用风险管理的方法进行信息安全管理计划、实施、评审检查、改进的工作体系。主流的信息安全管理体系是按照 ISO/IEC 27001 标准《信息技术 安全技术 信息安全管理体系要求》（对应的国家标准是 GB/T 22080）的要求建立的。ISO/IEC 27001 标准由 BS7799-2 标准发展而来。作为国际上具有代表性的信息安全管理体系标准，ISO/IEC 27001 标准已在全球各地的政府机构、银行、证券、保险公司、电信运营商、网络公司及许多跨国公司得到了广泛应用，该标准定义了对信息安全管理体系的要求，旨在帮助企业确保有足够针对性的安全控制选择。通过信息安全管理体系的建立、运行和持续改进，可以进一步规范网络关键设备生产企业相关的信息安全管理工作，确保网络关键设备的安全。

在信息安全管体系中，应用了 PDCA 过程模式。其中：

计划（Plan）阶段：首先确定信息安全管理体系覆盖的组织范围和信息安全方针；然后定义风险评估的系统性方法，进行风险识别、风险分析、风险评价，为风险的处置选择控制目标与控制方式，对残余风险（residual risks）的接受建议获得最高管理者的授权批准；最后是根据风险评估结果、法律法规要求、组织业务运作自身需要来确定控制目标与控制措施。

实施（Do）阶段：实施所选择的安全控制措施。对于那些被评估认为是可接受的风险，不需要采取进一步的措施。对于不可接受的风险，需要实施所选择的控制。在实施过程中，还需要注意提高信息安全意识，形成与组织相适应的风险和安全文化。安全意识的形成可以通过培训进行加强，并检查意识培训的效果，以确保其持续有效。此外如有必要，还应对相关方安排有针对性的安全培训，以保证所有相关方能按照要求完成安全任务。

检查（Check）阶段：依据策略、程序、标准和法律法规，对安全措施的实施情况进行符合性检查。这是 PDCA 过程的关键阶段，也是信息安全管理体系分析运行效果、寻求改进机会的阶段。如果发现某个控制措施不合理、不充分，就要采取纠正措施，以防止组织处于不可接受的风险状态。

改进（Action）阶段：根据 ISMS 审核、管理评审的结果及其他相关信息，采取纠正和预防的措施，实现 ISMS 的持续改进。经过了计划、实施、检查之后，组织在检查阶段必须对所策划的方案给出结论：是应该继续执行，还是应该放弃，重新进行新的策划。

以上 4 个阶段成为一个闭环，通过这个环的不断运转，使得信息安全管理体系得到持续改进，信息安全绩效（performance）螺旋上升。

常见的信息安全管理体系认证证书如图 5-3 所示。

三、示例说明

图5-3 信息安全管理体系认证证书

第3节 后门

标准条款 5.3c

c）不应存在未声明的功能和访问接口（含远程调试接口）。

▶ 条款解读

一、目的和意图

本条款提出网络关键设备在未声明的功能和访问接口方面的安全要求。

二、条款释义

本条款主要规范网络关键设备在功能和访问接口声明方面的要求。要点有两处：一是网络关键设备的提供者对设备所有的功能和访问接口都应该进行声明；二是特意明确了访问接口包括了远程的调试接口，设备在最后发布的版本中存在此类远程调试接口，必须进行声明。

《网络安全法》第二十二条规定网络产品和网络服务的提供者不得设置恶意程序。标准的【5.3 b】对于预装软件和补丁包 / 升级包做出了规定，要求不得存在恶意程序。本条款从功能接口的角度提出声明的要求，是从正面的角度来满足法律的要求，只要是公开声明的功能和接口就可以排除恶意设置的嫌疑。

对于网络关键设备，所有的功能和接口（硬件和软件）都应该在其说明书上有介绍，描述该功能和接口的具体用途，激活和关闭该功能和接口的方法，与其他功能和接口的依赖关系等。凡是未在说明书中声明的功能或接口，一旦证实能够利用该功能或接口对设备进行远程访问，则可被归类为后门。

不同类型的网络关键设备具有各自独特的功能。

路由器主要完成数据路径寻找并进行转发的功能，具体包括：

（1）网络互连，路由器支持各种局域网和广域网接口，互连局域网和广域网，实现不同网络互相通信；

（2）数据处理，提供包括分组过滤、分组转发、优先级、复用、加密、压缩和防火墙等功能；

（3）网络管理，提供包括配置管理、性能管理、容错管理和流量控制等功能。

与路由器相比，交换机的功能相对简单，主要是完成局域网内数据快速转发的功能，同时提供一定的数据处理功能，具备网络管理的功能。

服务器主要完成的是数据的计算和处理功能。在本标准中，服务器指的是由处理器、硬盘、内存构成的，具有较高处理能力、稳定性、可靠性、安全性、可扩展性、可管理性的物理硬件平台，包括基板管理控制器（Baseboard

Management Controller，BMC），不包括运行于硬件平台之上的虚拟化系统、操作系统和上层应用软件，有时也称为裸金属服务器。

可编程逻辑控制器（Programmable Logic Controller，PLC），是专为工业生产设计的一种数字运算操作的电子装置，采用可编程的存储器，通过数字或模拟式输入 / 输出，实现开关量的逻辑控制、模拟量控制、运动控制、过程控制、数据处理、通信及联网等功能，控制各种类型的机器设备或生产过程，是工业控制的核心部分。PLC 控制器的工作过程分为输入采样、用户程序执行和输出刷新 3 个阶段。在运行期间，PLC 控制器以一定的扫描速度重复执行上述 3 个阶段。

接口指的是一个实体把自己提供给外界的另外一个实体，用于两个实体进行沟通，使其能被修改的方式。接口分为硬件形态接口和软件形态接口。例如用于路由器配置的 Console 接口为硬件形态接口，基于 Telnet 和 SNMP 方式进行设备配置的接口为软件形态接口。

对于网络关键设备而言，接口又可以分为管理接口、业务接口两大类。常见的设备管理接口有 Console、SNMP、Web、Telnet 等，其中 Console 接口为硬件形态接口，需要使用专门的 Console 通信线缆将设备管理终端的串口与网络关键设备的 Console 口相连，进行相应的配置后就能实现网络关键设备的本地管理，该方式是管理网络关键设备的最基本的方式，属于带外管理。SNMP、Web、Telnet 等的接口为软件形态接口（当然也需要某种硬件形态接口来承载），基于 TCP/IP 协议，如果用专用的硬件形态接口来承载，则属于带外管理，如果通过业务接口来承载，则属于带内管理。常见的业务接口有以太网接口、光接口、RS232 接口、RS485 接口、USB 接口、基于 TCP/IP 特定协议编号或端口编号的接口。其中以太网接口、光接口、RS232 接口、RS485 接口、USB 接口为硬件形态的接口，各类承载于 TCP/IP 协议之上的路由控制协议接口（例如基于 520 端口的 RIP 协议、基于 89 协议号的 OSPF 协议、基于 179 端口的 BGP 协议）、基于 80 端口的 Web 接口、基于 21 端口的 FTP 服务接口等为软件形态接口。

在网络设备的研发过程中，为便于定位设备软硬件的故障，查找故障的原因，通常会在设备上设置一定数量的调试接口。待设备研发完成之后，一般情况下会从正式生产的设备上删除全部或部分的调试接口。调试接口也有硬件和软件两种形态。

在本标准中，访问接口既包括管理接口、业务接口，也包括了调试接口。在实践中发现网络关键设备在调试接口方面出现的问题较多，为此在本标准条款中特意强调调试接口作为访问接口的一种，也需要声明。

第6章 预装软件启动及更新安全

第1节 完整性要求

标准条款 5.4a

a）应支持启动时完整性校验功能，确保系统软件不被篡改。

▶ 条 款 解 读

一、目的和意图

本条款提出网络关键设备在预装软件启动时的校验要求。

二、条款释义

本条款主要规范网络关键设备在系统启动方面的安全要求。要点是进行完整性校验，目的是防范系统软件被篡改。

网络关键设备在启动时对所加载软件进行完整性校验是保证设备安全的一项重要功能，保证加载代码和配置文件的完整性是保证网络设备安全性的重要一环，是安全启动方案的重要组成部分。在启动阶段校验预装系统软件的完整性，使得恶意程序不能影响设备正常启动和运行，即使网络设备在运行的过程中被恶意程序感染，恶意程序获取了执行权限，也使其无法修改预装软件持续生存。

在本标准中，并没有对网络关键设备提出安全启动的要求，而只是提出了在启动时要对预装软件进行完整性校验。完整性校验通常采用散列值校验来实现。需要注意的是，如果只是采用散列值的校验方式而不是完整的安全启动方案，要考虑攻击者在篡改预装软件之后也可能重新生成散列值的可能性，建议在实现中应避免将散列值直接明文硬编码存储在代码或配置文件中，可对其采用非对称加密存储，或采取与服务端通信的方式获取，还可通过源码混淆，或加壳，增加逆向分析和破解的难度。

安全启动涉及的主要概念有两个：信任链和信任根。信任链保障执行流程的可靠交接，信任根则保障初始信任代码的可信。安全启动的一个核心思想就是在当前启动代码加载下一级代码之前，对所加载的代码进行完整性校验，并且使用 PKI（公钥基础设施）等进行核实。

通常，软件的启动过程可以分为 4 个主要阶段，以思科路由器为例说明如下：

（1）执行 POST。加电自检（Power-On Self-Test，POST）是每台路由器启动过程中必经的一个阶段。POST 过程用于检测路由器硬件。当路由器加电时，路由器通过 ROM 执行诊断，对包括 CPU、RAM 和 NVRAM 在内的几种硬件进行测试。

（2）加载 Bootstrap 程序。将 Bootstrap 程序从 ROM 复制到 RAM。Bootstrap 进入 RAM 后，CPU 执行 Bootstrap 程序中的指令。Bootstrap 程序的主要任务是查找 Cisco IOS 并将其加载到 RAM。

（3）查找并加载 Cisco IOS 软件。IOS 通常存储在 Flash 中，但也可能存储在其他位置，如 TFTP（简单文件传输协议）服务器上。如果不能找到完整的 IOS 映像，则会将精简版的 IOS 从 ROM 复制到 RAM 中。精简版的 IOS 一般用于帮助诊断问题，也可用于将完整版的 IOS 加载到 RAM。

（4）查找并加载配置文件。IOS 加载后，Bootstrap 程序会搜索 NVRAM 中的启动配置文件（也称为 startup-config）。此文件含有先前保存的配置命令以及参数，其中包括：接口地址、路由信息、口令和网络管理员保存的其他配置。如果启动配置文件 startup-config 位于 NVRAM，则会将其复制到 RAM 作为运行配置文件 running-config。

本标准条款在制定的过程中参考了路由器、交换机、服务器和 PLC 的相关标准。

GB/T 18018-2019《信息安全技术 路由器安全技术要求》提出设备上电启动时的安全功能要求和软件更新的合法性要求。设备在上电启动时应执行安全功能的自检，如内存数字签名、加密算法等，确保安全功能正确，只有当所有自检功能通过时，才能正常启动设备。软件更新时，安全管理员应能查询当前执行的软件的版本号及最近一次安装软件的版本号，应能在安装更新前用数字签名验证软件更新的合法性。

GB/T 20011-2005《信息安全技术 路由器安全评估准则》提出路由器在初始启动期间，不能在安全功能发挥作用之前从网络获取引导信息，路由器初始化的选项由管理员进行管理，如开放或关闭某些应用程序等。

GB/T 21050-2019《信息安全技术 网络交换机安全技术要求》提出网络交换机应具备对自身的检测能力，以确保网络交换机的安全功能能够正确运行。交换机在更新数据时，应具备对更新数据的验证能力，以确保更新数据是可信任的。

GB/T 25063-2010《信息技术安全 服务器安全测评要求》对第四级服务器提出可信技术支持功能要求，包括：可信技术支持功能采用硬件实现、与服务器实现绑定，信任链的建立、用户身份鉴别和存储加密建立在可信技术之上等。

GB/T 33008.1-2016《工业自动化和控制系统网络安全 可编程序控制器（PLC）第 1 部分：系统要求》对移动代码及软件和信息的完整性提出了要求。移动代码的要求包括：在允许代码执行之前验证移动代码的完整性，预防移动代码的执行。对代码源要求适当的认证和授权，限制移动代码传入 / 传出控制系统，监视移动代码的使用。软件和信息完整性的要求包括：PLC 系统应提供能力检测、记录和保护软件和信息不受未经授权的变更，对破坏完整性进行自动通知相关人员。

信任链的作用是对下一阶段要执行的代码进行校验，那么还是存在一个根本的问题：最初的代码由谁来校验？路由器启动过程中的第一个程序是 Bootstrap，保存在 ROM 中，出厂烧写后不可修改。在路由器中，信任根就是烧写 ROM 代码的芯片厂商。

三、示例说明

1. 路由器、交换机完整性检查

（1）在执行安装动作之前，手动校验软件大包完整性。

```
<Switch>check software file-name V100R001C00.cc
Warning: Software file verification consumes system CPU resources. Continue? [Y/N]y
Info: Ready to check software V100R001C00.cc. please wait........done.
如果校验成功提示如下：
Info: The integrity check for the system software of the V1008001C00 version succeeds
如果校验失提示如下：
Error: Failed to check the integrity of the system software of the unknow version.
*用 sys_boot 方式安装软件大包之前，会自动校验软件大包完整性。
  如果校验失败，会拒绝启动，并在串口上打印校验失信息 " package verify failed "，并会
重启系统，连续失败 3 次后，会回至上次启动的大包。
  如果校验成功，会将校验成功信息 " verify cc package success " 记录到安全日志中。
```

（2）在安装补丁包之前，需要先检查补丁包的完整性，完整性校验即包含了数字签名校验以及保护机制校验。

```
<Switch> check software file-name 100R001C00.PAT
Warning: Software file verification consumes system CPU resources. Continue? [Y/N]:y
Info: Ready to check software 100N001C00.PAT, please wait......done.
如果校验成功，提示如下：
Info: The integrity check for the system software of the V100R001C00 version succeeds.
如果校验失败，提示如下：
Error: Failed to check the integrity of the system software of the unknow version.
系统重启后，自动查补丁包的完整性，如果校验成功，正常安装补丁包启动，如果校验
失败，会导致安装补丁失败。
```

2. PLC 设备完整性校验

对于 PLC 设备，下装用户工程时，组态软件会将工程文件的校验码一起下

发，由控制器保存。PLC 控制器每次启动后，在加载工程文件前，对工程文件计算校验码，再与下装时保存的校验码进行比较，若完全一致则加载工程文件，如图 6-1 所示。

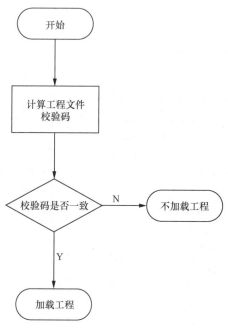

图6-1　PLC设备启动完整性校验

第 2 节　更新要求

　5.4b，c，d，e

　b）应支持设备预装软件更新功能。

　c）应具备保障软件更新操作安全的功能。

注：保障软件更新操作安全的功能包括用户授权、更新操作确认、更新过程控制等。例如，仅指定授权用户可实施更新操作，实施更新操作的用户需经过二次鉴别，支持用户选择是否进行更新，对更新操作进行二次确认或延时生效等。

d）应具备防范软件在更新过程中被篡改的安全功能。

注：防范软件在更新过程中被篡改安全功能包括采用非明文的信道传输更新数据、支持软件包完整性校验等。

e）应有明确的信息告知用户软件更新过程的开始、结束以及更新的内容。

▶ 条 款 解 读

一、目的和意图

本条款提出网络关键设备在预装软件更新时的要求。

二、条款释义

本条款主要规范网络关键设备在预装软件更新、更新过程等方面的安全要求。要点有4处：一是网络关键设备要支持软件更新的功能。预装软件安装到设备之后，可以由设备的运营者按照需要进行更新。此处的更新，既包括对预装软件的升级操作，也包括对于预装软件的降级操作。也就是说设备的软件不能是一次性写在设备的存储设备中，不能存在除更换存储部件之外无其他更新软件的方式。二是要求预装软件在更新的过程中，设备要支持相应的功能以保证更新过程的安全，例如要检查用户的授权，是否有权限进行更新操作；要在更新操作前进行二次确认，避免用户的误操作，用户对于软件更新的二次确认也有利于避免设备提供者对于网络关键设备的静默升级。三是设备还应具备防范软件在更新过程中被攻击者篡改的功能，例如对更新的软件进行完整性校验，对更新软件用的通道进行加密传输等。四是考虑到更新软件所带来的安全风险，在更新软件的过程中，应有明确的文字、语音或图像的提示，告知用户更新何时开始、正在更新的内容、更新的最新进展、是否结束。

软件更新的目的一是增加新的功能，二是提升设备的安全性。网络关键设备的提供者在设备出现新的安全缺陷或漏洞时，都要采取补救措施，具体的方式就是对系统软件进行升级或提供补丁包，这都涉及软件的更新操作。但同时我们也注意到，软件更新的过程中存在很大的风险，攻击者也会想方设法利用软件更新的方式来执行恶意程序，进行非授权的操作。为此，本条款提出了软件更新操作相关的安全要求。

预装软件的更新，有离线和在线两种方式。离线更新方式通过线下或网络下载的方式获得升级包，然后手动安装升级包。在线更新方式大致分为 5个步骤：

（1）设备启动时向远端更新服务端发送请求，取得该设备最新软件版本的信息；

（2）与本地软件的版本信息进行比对，如果软件为最新版本则不更新，如果不是最新版本则下载更新包；

（3）更新包下载完成之后，进行解压替换本地旧文件，更新本地版本号及数据文件或配置文件；

（4）删除更新包，重新启动设备；

（5）更新结束。

在线更新模式不支持预装软件版本降级操作。考虑到网络关键设备的重要性，建议采用离线更新的方式，而不是在线更新的方式。

在离线更新的过程中，首先是要尽量利用经过加密的通道，例如通过 https方式来下载升级包，其次是要利用设备生产厂家提供的完整性校验方法对下载的软件包进行完整性校验。如果只能采用在线更新的方式，则对于更新的过程要做到实时监控，更新通道的打开和关闭都应该受到设备运营者的控制。

从更新包的内容看，有完全更新和增量更新两种类型。完全更新指的是利用一个完整的新版本，对旧版本进行完全替换。其优点是更新彻底，不会存在更新之后的软件与配套的文件不兼容的问题，缺点是如果文件较大，每次下载需要花费的时间长，更新安装的速度也比较慢。增量更新是指在进行更新操作时，只更新需要改变的地方，不需要更新或者已经更新过的地方则不会重复更新。增量更新的优点是更快捷，需要下载的内容少，更新速度快，缺点是需要在更新前设定更新的规则和策略，如果更新包测试不充分，还可能存在与本地文件不兼容的问题。在本标准中，对于采用何种更新类型不做要求。

三、示例说明

1. 路由器、交换机

采用非明文的信道 SFTP 传输更新数据，防范软件在更新过程中被篡改。

```
将设备置为SFTP Server，假设IP地址为10.164.30.20，SFTP用户名为test，密码为ABC@123，
SFTP工作目录是flash:/
<Switch> system-view
[~Switch] sftp server enable
[*Switch] commit
[~Switch] ssh user test
[*Switch] ssh user test authentication-type password
[*Switch] ssh user test service-type sftp
[*Switch] ssh user test sftp-director flash:
[*Switch] commit
[~Switch] aaa
[*Switch] local-user test password irreversible-cipher ABC@123
[*Switch] local-user test service-type ssh
[*Switch] local-user test level 3
[*Switch] commit
```

2. 服务器

（1）授权用户 admin 登录 BMC 管理界面后，在升级菜单下进行升级配置，会要求再次输入用户名 / 密码，进行二次鉴权，如图 6-2 所示。

（2）BIOS 和 BMC 支持更新升级，支持对升级镜像包的完整性校验。公钥

保存在 OS 内部。如果完整性验证不通过，则升级失败，如图 6-3 所示。

图6-2　二次鉴权

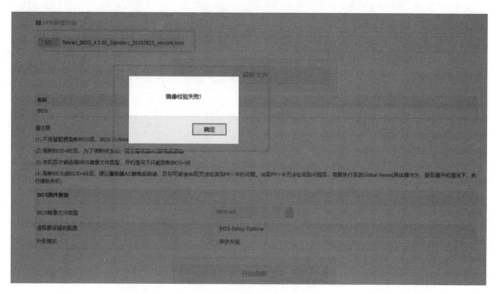

图6-3　镜像检验失败

（3）应有明确的信息告知用户软件更新过程的开始、结束以及更新的内容，如图 6-4 和图 6-5 所示。

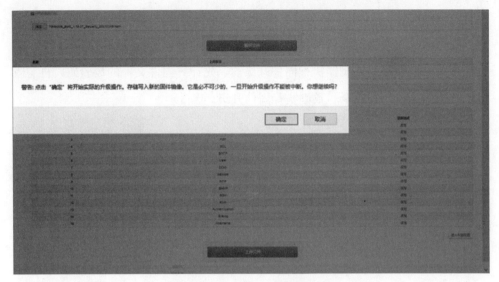

图6-4　告知软件更新的内容

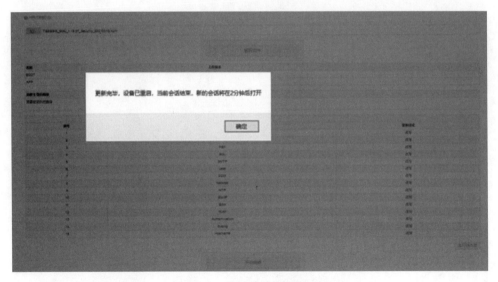

图6-5　告知软件更新过程

3．PLC 设备更新要求

PLC 控制器支持固件升级功能。用户使用专用工具实现固件升级功能，专用工具与控制器交互时，必须先通过权限验证，提高控制器的可操作权限，再执行固件升级功能。

专用工具与控制器通信时，采用非对称加密通信，确保通信过程的安全。固件文件附带校验码。控制器执行固件升级前，先计算固件文件的校验码，再与收到的校验码比较，若完全一致则执行固件升级。

第7章　用户身份标识与鉴别

第1节　用户身份标识和鉴别

标准条款 5.5a

a）应对用户进行身份标识和鉴别，身份标识应具有唯一性。

注：常见的身份鉴别方式：口令、共享密钥、数字证书或生物特征等。

▶ **条 款 解 读**

一、目的和意图

本条款提出网络关键设备对用户的身份管理方面的要求。

二、条款释义

本条款主要规范网络关键设备用户管理方面的安全要求。要点有 3 处：一是要对用户进行标识，二是要对用户进行身份鉴别，三是用户的标识要具有唯一性。在本条款中，第一个标识是动词，是标示识别的意思。第二个标识是名词，是用来识别的记号的意思。

用户的身份标识与网络设备的硬件标识的目的类似。对用户进行身份标识的目的，是为了对用户身份进行快速而准确的识别，因此用户标识必须具有唯一性，身份标识为后续的权限分配、操作日志审计记录提供基础。标识在一定的范围内具有唯一性，对于网络关键设备而言，是在这个设备上用户标识具有唯一性，而不是要求标识在设备所在网络的范围内具有唯一性。当然，如果能够在全网的范围内做到用户标识的唯一性，对于后续的用户识别和追溯更加有利。

在现实世界对人进行身份标识，普遍使用的是身份证、户口簿、护照、驾照、工牌等。这些身份标识方式记载着名字、住址、出生地、出生日期等相关的信息。而在数字世界，对用户的标识通常采用用户名、E-mail 地址等方式。

在网络关键设备运行的过程中，为保护资源不被滥用，实现设备的安全运行，需要采用操作可追溯的机制，包括鉴别（鉴权、认证）、授权和审计机制。其中鉴别指的是在用户执行任何动作之前必须要有方法来识别动作执行者的真实身份，防止攻击者假冒合法用户获得访问权限。授权是指当用户身份被确认合法之后，赋予该用户进行文件和数据的读、写、执行操作的权限。审计指的是通过记录日志信息，并进行分析和溯源，核查责任。在鉴别、鉴权和审计机制中，身份鉴别是安全保护的第一道防线，身份鉴别失败可能导致整个系统安全的失效。

在身份鉴别中，涉及身份鉴别的申请者和验证者，还可能涉及攻击者和可信任的第三方。其中申请者是出示身份信息的实体，提出身份鉴别的请求；验证者负责检验申请者提供的身份鉴别信息的正确性和合法性，决定是否通过其认证请求；攻击者则可能窃听整个身份鉴别的过程或伪装成申请者，骗取验证者的信任；必要时，验证者会邀请可信任的第三方参与验证鉴别身份信息。

在身份鉴别的过程中，身份鉴别的申请者通常可以利用以下 4 种类型的信息来证明自己的正确性和合法性。

（1）只有自己知道而其他人不知道的信息（所知），比如登录互联网邮箱的口令、"天王盖地虎，宝塔镇河妖"类型的暗号、"黑三角"图形密码。基于所知信息进行身份鉴别时，除了平常要保管好"所知"之外，关键还在于如何保证既能通过出示"所知"来证实自己身份，又要保证"所知"不会被窃取。

（2）只有自己持有的信息（所有），也就是通过只有鉴别申请者才持有的东西来验证身份。比如信用卡、身份证、U-key 等。基于"所有"进行身份鉴别，要避免"所有"的丢失，同时鉴别技术要能防止"所有"被假冒。

（3）鉴别申请者"天生具有"的信息（所是），比如虹膜、指纹、人像、声纹、DNA 等各种生物特征。基于"所是"进行身份鉴别，需特别关注一个问题，即"所是"往往与生俱来，难以再造，因此，需特别防止在鉴别过程中泄露"所是"信息。

（4）以上 3 种技术的组合运用。

在网络关键设备的身份鉴别中，比较常用的还是口令，随着安全要求的提高，采用口令 +U-key 或口令 + 生物识别的多因素认证也是有必要的。无论采用哪种方式，密码技术在其中几乎都不可或缺。

当进行鉴别时，网络关键设备应仅将最少的反馈（如打印的字符数、鉴别的成功或失败）提供给被鉴别人员，同时反馈信息应避免"用户名错误""口令错误"等提示信息，避免攻击者进行用户名或口令的暴力猜解。

本标准条款在制定的过程中参考了路由器、交换机、服务器和 PLC 的相关标准。

GB/T 18018-2019《信息安全技术 路由器安全技术要求》对管理员登录设备提出了要求。管理员进入系统会话之前，路由器应鉴别管理员的身份，鉴别的方法包括口令和数字证书等。

GB/T 20011-2005《信息安全技术 路由器安全评估准则》规定在管理员进入与系统会话之前，安全功能应鉴别管理员身份。对于远程会话，需要被鉴别的信息包括网络接入的管理员身份、远程管理站身份等。

GB/T 21050-2019《信息安全技术 网络交换机安全技术要求》规定授权管理员管理控制策略，只赋予授权网络配置管理员必须的权利，管理人员应在通过标识与鉴别后承担其特权角色；只有在请求连接的目标地址、标识、鉴别和权限与控制策略一致时，才能连接到网络交换机。

GB/T 25063-2010《信息技术安全 服务器安全测评要求》提出四级服务器鉴别功能的要求，包括用户名分配的唯一性、身份鉴别措施（如用户名和强化管理的口令等）。

GB/T 33008.1-2016《工业自动化和控制系统网络安全 可编程序控制器（PLC）第 1 部分：系统要求》提出 PLC 系统应提供按照用户、组、角色和 / 或 PLC 系统接口管理标识符（如用户 ID）的能力。对参与无线通信的所有用户，PLC 系统应提供唯一标识和认证的能力。

YD/T 1359-2005《路由器设备安全技术要求—高端路由器（基于 IPv4）》、YD/T 1629-2007《具有路由功能的以太网交换机设备安全技术要求》、YD/T 1906-2009《IPv6 网络设备安全技术要求—核心路由器》要求在数据转发平面安全、控制平面安全和管理平面安全中提供用户访问控制的能力，通过标识和验证功能决定用户的身份，路由协议应该验证数据源的身份，只有来源于通过验证的数据才能被接受。

三、示例说明

1. 路由器、交换机

使用管理账号和正确口令以及错误口令分别登录设备，正确的口令登录成功，错误的口令登录失败。

```
Username: who
Password:
% Username or password error
Username: who
Password:
Login at:09:43:2203-19-2021
```

2. 服务器用户标识

（1）BMC 用户 ID1-16，不支持用户名相同的用户。而 ID=1 的用户是默认出厂用户，如表 7-1 和图 7-1 所示。

表7-1　服务器用户标识

用户ID	用户名	密码	状态	默认权限	特性
1	admin	admin	启用	管理员	用户名 / 密码都可更改
2-16	未定义	未定义	禁用	管理员	用户名 / 密码都可更改

图7-1　不支持用户名相同的用户

（2）本地采用口令认证。同时支持 SSH 接口访问和用户证书认证，如图 7-2 所示。

图7-2　本地采用口令认证

3．PLC设备用户身份标识和鉴别

构建用户权限表，显示当前工程用户信息及权限级别，用户名不可重复。采用双因素校验方式进行身份鉴别，如图7-3所示。

图7-3　PLC设备用户账户信息管理

第2节　口令要求

标准条款　5.5b，c

b）使用口令鉴别方式时，应支持首次管理设备时强制修改默认口令或设置口令，或支持随机的初始口令，支持设置口令生存周期，支持口令复杂度检查功能，用户输入口令时，不应明文回显口令。

c）支持口令复杂度检查功能，口令复杂度检查包括口令长度检查、口令字符类型检查、口令与账号无关性检查中的至少一项。

注：不同类型的网络关键设备口令复杂度要求和实现方式不同。常见的口令长度要求示例：口令长度不小于8位；常见的口令字符类型示例：包含数字、小写字母、大写字母、标点符号、特殊符号中的至少两类；常见的口令与账号无关性要求示例：口令不包含账号等。

一、目的和意图

本条款提出网络关键设备在对用户的身份采用口令方式鉴别时的要求。

二、条款释义

本条款主要规范网络关键设备口令方面的安全要求。要点有4处：一是默认口令方面，允许网络设备出厂时设置固定的默认口令，但要求在设备首次启动的时候强制用户修改，或者是随机设置的口令；二是口令的生存周期可设置；三是支持口令复杂度检查功能；四是口令输入时不得明文回显。

口令是用户标识鉴别中经常用到的重要信息，口令自身的安全保障对于设备的安全性能至关重要，也是攻击者的关注重点。在网络上出现了众多利用弱口令发起攻击的案例。根据统计，弱口令依然是导致网络安全事件的主要因素。为此，在本标准条款中提出了口令相关的要求。

网络关键设备在出厂时，默认的用户名和口令方面有4种情况。

（1）无默认的用户名，当然，也就没有默认的口令；

（2）为每一个设备设置了相同的默认用户名和相同的默认口令；

（3）为每一个设备设置了相同的默认用户名，对应的默认口令随机生成；

（4）为每一个设备设置了不同的默认用户名，对应的默认口令随机生成。

对于第一种情况，在设备首次加电的启动过程中，首先要求设备的运营者为设备设置用户名，并设定对应的口令，在口令输入之后，要支持对口令的复杂度进行检查。

对于第二种情况，在设备首次加电的启动过程中，首先要求设备的运营者为设备修改默认口令，在口令修改完成之后，要支持对口令的复杂度进行检查。

对于第三种和第四种情况，在设备首次加电的启动过程中，设备的运营者可以不用重新修改口令。

需要注意的是，在有些网络设备中，可能还存在没有用户名、只需要输入口令进行鉴别的情况。这种模式不符合本标准中关于用户标识的规定，在网络关键设备的管理中不允许采用。

口令设定或修改完成之后，设备应支持对口令生命周期的设定，也就是说，口令要定时修改，减少口令泄露之后所带来的安全风险。口令的生命周期通常包括最大值和最小值。最大值为口令使用的最长时间，超过此时长后系统会提醒用户修改口令。最小值为口令使用的最短时间，在此时间范围内用户不能修改口令。在有的设备中，与口令生命周期管理相关的参数可能还包括口令的失效时间，即这个时间范围内，用户只要登录系统就会被强制要求修改口令，否则不能访问系统，超过这个时间范围后，用户名会被锁定，不再允许登录系统。

在口令设定或修改的过程中，网络关键设备应支持对设定或修改的口令进行复杂度的检查。口令复杂度检查的功能可以有效避免弱口令的出现，弱口令容易被攻击者猜测或被破解工具破解。口令复杂度的因素通常包括口令的长度、口令的组成元素、口令与用户名关联度 3 个方面。考虑到不同类型的网络关键设备的处理能力，口令复杂度要求和实现方式有所不同，因此在本标准条款中并没有给出具体的复杂度要求，具体类型的设备的复杂度要求可以在相对应的安全技术要求中规定。通常口令长度要求不少于 8 位，口令应包含数字、小写字母、大写字母、标点符号、特殊符号中的至少两类。对于构成口令的元素的数量，有些设备可能会有更加具体的要求，例如要求最少的数字个数、最少的小写字母个数、最少的大写字母个数、最少的标点符号个数、最少的特殊字符个数等。为增加口令的复杂度，通常会要求口令中不得包含用户名或者用户名的变体，不得使用旧口令。总的来看，口令长度越长、所包含的元素类型越多，复杂度越高，对于攻击者而言，其破解的难度就越大。

需要注意的是，在本标准条款中要求的是设备应该支持口令复杂度检查的功能，并不意味着在设备运行之后该功能就一定要自动启用，是否启用口令的复杂度检查功能由设备运营者确定。因此，建议在设备的使用过程中，在启用口令复杂度检查功能之前应该先将当前设备用户的口令修改为符合复杂度要求的口令，如果不符合要求，设置复杂度检查功能之后用户将存在不能登录的风险。

最后，本标准条款还对口令的输入提出了要求，要求用户在输入口令的时候，设备不应明文回显口令。具体可以分为两种情况：不回显口令或者在回显的时候用其他的字符替代输入的内容。从安全的角度看，不回显输入的口令的安全性更高，有助于避免泄露口令的长度，但对于输入者的要求会更高。此外，在具体的实现过程中，要求口令输入框不支持口令的拷贝功能也有助于提高设备的安全性。

本标准条款在制定的过程中参考了路由器和 PLC 的相关标准要求。

GB/T 18018-2019《信息安全技术 路由器安全技术要求》提出设备口令复杂性、生存周期的要求，包括：应限制口令的最小长度、组成、复杂度、使用期等；口令组成，应支持数字、大小写字母和特殊符号；并能限制历史密码的使用。

GB/T 33008.1-2016《工业自动化和控制系统网络安全 可编程序控制器（PLC）第1部分：系统要求》提出 PLC 系统应提供能力实施可配置的基于最小长度和不同字符类型的口令强度，包括：提供实施口令的最小长度的能力，小于最小长度的口令被拒绝用于认证；口令中除字母字符外至少还要包含最小数目的特殊字符；提供口令重用次数、口令有效期可配置的能力。

三、示例说明

1. 路由器、交换机

（1）首次管理设备时强制修改默认口令。

```
Username: testuser
Password:
Your password has expired.
Enter a new one now.
The strong-password strategy is:
Min Length          : 8
Character Set        : number, capital, lowercase, special-character
Username-related Check  : The password cannot be the same as the username
New password:
Re-enter new password:
The password has been changed successfully,
Please remember your new password!
```

（2）口令过期修改口令。

```
Username:test
Password:
Your password has expired.
Enter a new one now.
The strong -password strategy is:
Min Length          : 8
Max Length          : 64
Character Set        : number, capital, lowercase, special-character
Same Consecutive       : 3
Dictionary Switch      : enable
Username-related Check  : The password cannot be the username or the inverse username.
New password:
```

（3）口令复杂度检查。

```
Router(config-system-user)#user-name test
Router(config-system-user-username)#password
Please configure the password(8-64)
Enter password:***
% error 59966: The password is not strong. On a CLI terminal, run the command "show strong-
password-info to get details
```

```
Router(config-system-user-username)#show strong-password-info
Check Switch enabled
Strategy:
    Min Length            : 8
    Max Length            : 64
    Character Set          : number, capital, lowercase, special-character
    Same Consecutive       : 3
    Dictionary Switch       : enabled
    Username-related check   : Neither substrings nor inverse substrings are allowed
```

2．服务器

（1）使用口令鉴别方式时，应支持首次管理设备时强制修改默认口令，如图 7-4 所示。

图7-4　强制修改默认口令

（2）支持设置口令生存周期，支持口令复杂度检查功能，用户输入口令时不应明文回显口令，如图 7-5 和图 7-6 所示。

3．PLC 设备口令鉴别及管理要求

上位机软件在用户新建工程时，采用管理员账号，强制用户修改管理员默认口令。对口令进行生存周期鉴别，达到生存周期期限前提醒用户更改口令，如图 7-7 所示。

口令复杂度校验：

（1）口令长度不小于 8 位；

（2）须包含大写字母、小写字母、数字、标点符号、特殊符号中至少两类；并提示密码防护等级（弱、中、强）。

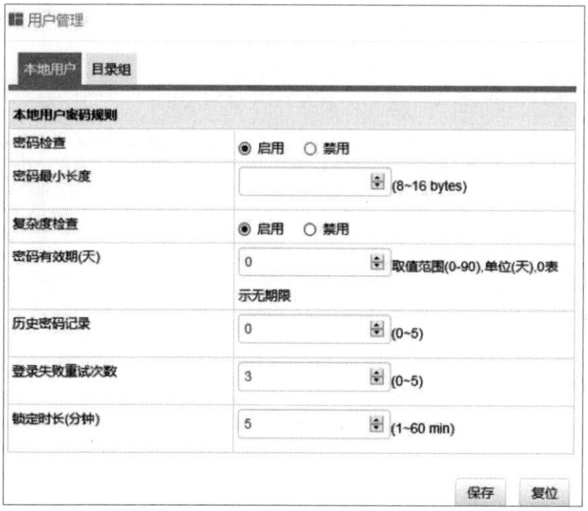

图7-5　设置口令

图7-6　用户输入口令时不应
明文回显口令

输入对应用户口令时，采用非明文（如"********"）方式显示。

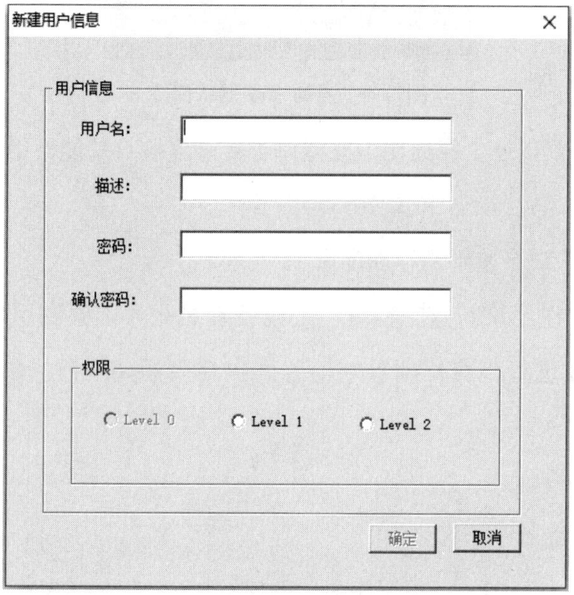

图7-7　PLC设备组态软件口令输入窗口

PLC 设备中用户工程文件包含敏感信息，因此在创建工程时，会强制用户必须创建该工程的用户名和密码。后续再次打开工程时，必须输入正确的账户信息，如图 7-8 所示。

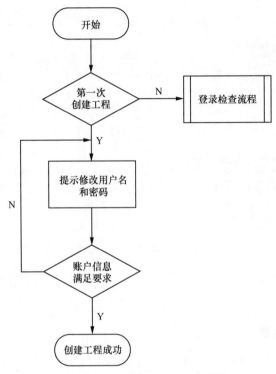

图7-8　PLC设备创建用户流程

第3节　安全策略和安全功能

标准条款　5.5d, e, f

　　d）应支持启用安全策略或具备安全功能，以防范用户鉴别信息猜解攻击。

注：常见的防范用户鉴别信息猜解攻击的安全策略或安全功能包括默认开启口令复杂度检查功能、限制连续的非法登录尝试次数或支持限制管理访问连接的数量、双因素鉴别（例如口令＋证书、口令＋生物鉴别等）等措施，当出现鉴别失败时，设备提供无差别反馈，避免提示"用户名错误""口令错误"等类型的具体信息。

e）应支持启用安全策略或具备安全功能，以防止用户登录后会话空闲时间过长。

注：常见的防止用户登录后会话空闲时间过长的安全策略或安全功能包括登录用户空闲超时后自动退出等。

f）应对用户身份鉴别信息进行安全保护，保障用户鉴别信息存储的保密性，以及传输过程中的保密性和完整性。

▶ 条 款 解 读

一、目的和意图

本条款提出网络关键设备在用户的身份鉴别过程、身份鉴别信息使用和存储时的安全要求。

二、条款释义

本条款主要规范网络关键设备用户身份鉴别过程中的安全策略和存储用户身份鉴别信息时的安全要求。要点有 3 处：一是应支持防范用户鉴别信息猜解攻击的安全策略或安全功能；二是应支持防范用户认证成功后，因登录会话空闲时间过长而被攻击者利用的安全策略或安全功能；三是应支持对用户鉴别信息进行安全存储和传输。

作为用户安全访问设备的第一道屏障，用户身份的鉴别过程也是攻击者关注的重点。攻击者一旦得到了用户身份鉴别所需的信息，将对设备的安全性产生重大威胁。攻击者如何得到用户身份鉴别的信息，第一招是猜，第二招是偷。为减少用户身份鉴别相关的安全风险，本标准条款提出了相关的安全要求。

在用户登录的过程中，可能面临的攻击包括对用户名的猜解攻击和对用户鉴别信息（特别是口令）的猜解攻击。对于用户名，为便于记忆，通常会设置得比较有规律，例如网络关键设备的运营者或者管理者的个人姓名、单位名称、工卡号等，在这种情况下，对用户名的枚举攻击较为常见。对于用户口令，攻击者通常采用词典攻击或暴力破解的形式。这两种攻击方式的区别在于，词典攻击中攻击者有预先定义好的口令列表（单词或短语，通常包括各类弱口令），而暴力破解中没有口令列表，攻击者要逐一尝试所有可能的口令。

在正常的用户登录过程中，网络设备对于输入错误的用户名和鉴别信息通常会给出提示信息，告知用户在登录的过程中出现了错误。这虽然提高了用户使用的友好性，但如果提示信息给出的内容过多、过细，与输入的信息具有相关性，则可能会提示攻击者正确的攻击方向。例如，用户输入了一个不存在的用户名，而网络设备返回的错误提示信息为"用户名错误"，则告诉了攻击者该用户名不存在，恰当的返回信息应该是"用户名或口令错误"。

为防范对于用户名和鉴别信息的猜解攻击，网络设备常见的安全策略或安全功能包括默认开启口令复杂度检查功能、限制连续的非法登录尝试次数、限制管理访问连接的数量、采取双因素鉴别（如口令＋证书、口令＋短信、口令＋生物鉴别等）等措施，当出现鉴别失败时，设备提供无差别反馈，避免如"用户名错误""口令错误"等给出确切信息的提示。口令复杂度检查的功能在【5.5 c】条款中有详细的描述。对于采用图形界面的登录方式，还可以通过图形验证码方法来防范登录爆破、自动化爬虫等攻击。

此外，攻击者还会通过监测登录的过程，来尝试获得用户登录设备的用户名和登录鉴别信息，或者通过其他的方式窃取存放用户名和登录鉴别信息的文件，之后再利用线下方式破解得到用户名和鉴别信息。为防范此类攻击，首先要求在登录的过程中，传送登录信息的通道应该是加密的，禁用不安全的方法和协议；其次是对于用户名和鉴别信息的保存方式要采用安全的方式，对于用户名和鉴别信息所在的文件采用加密措施。用户名和鉴别信息的保存，首要遵循的原则是不能明文存储，通常采用的解决方案是用散列算法给用户名和鉴别信息加密之后再存储。常用的加密算法有 MD5 和 SHA 系列（如 SHA1、SHA256、SHA384、SHA512 等）。需要注意的是，MD5 算法已经被破解，因此这种算法不建议在产品中使用。

虽然用散列算法能提高口令等鉴别信息存储的安全性，但仍然不是足够安全的。通常攻击者在获得保存口令的文件之后，会采用暴力攻击的模式进行随机猜测，用散列算法生成一个散列值，如果该散列值在文件中存在，那么他就猜对了一个用户的口令。事实上，攻击者为了提高破解口令的效率，他们会事先计算大量口令对应的各种散列算法的散列值，并把口令及对应的散列值存入一个表格中（通常被称为彩虹表）。在破解密码时只需要将彩虹表与保存口令的文件进行匹配即可，破解的速度相当快。

为应对彩虹表进行口令破解，可以先对明文的口令进行加"盐"，这里提到的"盐"是一串随机的字符，然后再对加"盐"之后的口令用散列算法加密。往明文口令里加"盐"就是把明文口令和随机的字符串拼接起来。在口令校验的时候，由于还需要用到"盐"，因此"盐"和口令的散列值通常是存储在一起的。在对口令加"盐"的过程中，有一点需要注意，我们需要保证每一个口令所对应的"盐"都是不一样的，也就是说要保证"盐"的唯一性。否则，一旦攻击者猜出"盐"之后，可以针对这个"盐"重新生成彩虹表，之前采用同样"盐"加密的口令也就被破解了。

无论是采用散列加密还是加盐的散列加密，总的来看，这种方法的安全性还不是很高，这是由散列算法的特性造成的。散列算法最初是用来检验网络传输数据时的数据完整性。当通过网络传输一个数据包时，会在数据包的末尾附上这个数据包对应的散列值。接收端收到数据包之后，根据接收到的数据包用同样的算法生成一个散列值，如果计算得到的散列值和数据包尾部的散列值一致，证明了数据在传输时的过程中没有出现错误。考虑到数据包在传输中对于速度和适用性的要求，在设计散列算法的时候，快速高效是一个非常重要的指标。也就是说，散列加密对于计算能力的要求并不高，从攻击者的角度看，这种特性极大地提升了攻击的效率。在普通配置的电脑上，主流的散列算法的耗时在微秒的级别，这意味着在一秒的时间之内可以进行近百万次散列攻击。在用户名和鉴别信息的散列加密中，其实不需要那么高效的散列算法，例如使用 BCrypt 或者 PBKDF2 算法。BCrypt 和 PBKDF2 算法最大的特点是能够通过参数设置重复计算的次数，重复计算的次数越多耗时越长。如果计算一个散列值需要耗时毫秒甚至秒级，对于网络关键设备正常的用户口令加密来讲是可以接受的，但对于攻击者而言，采用暴力破解的方式的可行性就不高了。

最后，为加大口令攻击的难度，提高登录会话的安全性，还可以对登录之后的会话设置空闲超时退出机制。当会话在设定的时间内没有任何交互，则设备可以自动关闭会话连接。当用户有必要重新登录时，网络设备应生成一个新的会话，而不是继续使用之前的会话，以避免攻击者利用曾经存在的会话 ID 对网络关键设备发起攻击。

本标准条款在制定的过程中参考了路由器、服务器和 PLC 的相关标准。

GB/T 18018-2019《信息安全技术 路由器安全技术要求》提出了会话超时锁定、会话锁定和鉴别失败处理的安全要求包括：（1）路由器在设定的时间段内没有任何操作的情况下应终止会话，需要再次进行身份鉴别才能够重新操作，最大超时时间只能由授权管理员设定；（2）路由器应为管理员提供锁定自己的交互会话的功能，锁定后需要再次进行身份鉴别才能够重新管理路由器；（3）在经过一定次数的鉴别失败以后，路由器应锁定该用户账号，最多失败次数只能由授权管理员设定。

GB/T 25063-2010《信息技术安全 服务器安全测评要求》提出四级服务器用户身份过程的安全要求，包括：（1）身份鉴别措施（如用户名和强化管理的口令等）；（2）鉴别失败处理功能；（3）非法登录次数的限制值。

GB/T 33008.1-2016《工业自动化和控制系统网络安全可编程序控制器（PLC）第 1 部分：系统要求》提出口令强度的要求和认证信息的反馈模糊化要求，当一个或多个凭证无效时，失败的认证尝试不提供任何合法凭证有效性的信息（如用户名和口令）。

三、示例说明

1. 路由器、交换机

（1）限制连续的非法登录尝试次数为 3 次，时间长度为 5 分钟。

```
<Switch> system-view
[~Switch] aaa
[~Switch-aaa] local-user authentication lock times 3 5
```

（2）限制一个用户管理访问连接的数量为 10 个。

```
<Switch> system-view
[~Switch] aaa
[~Switch-aaa] local-user user1@Switch password irreversible-cipher Test@2012
[*Switch-aaa] local-user user1@Switch access-limit 10
```

（3）当出现鉴别失败时，设备提供无差别反馈，避免提示"用户名错误""口令错误"等类型的具体信息。

```
Warning: Telnet is not a secure protocol, and it is recommended to use Stelnet
Username: test
Password:
Authentication fail
```

（4）支持启用安全策略或具备安全功能，以防止用户登录后会话空闲时间过长。

HTTP 连接空闲超时退出。

```
<Switch> system-view
[~Switch] http
[*Switch-http] service restconf
[*Switch-http-service-restconf] idle- timeout 30
```

（5）设置用户连接的超时时间。

```
<Switch> system-view
[~Switch] user-interface console 0
[~Switch-ui-console0] idle- timeout 1 30
```

（6）支持对用户身份鉴别信息进行安全保护，保障用户鉴别信息存储的保密性，以及传输过程中的保密性和完整性。

```
#
aaa
local-user testl23 password irreversible-cipher 51e5"Js+))((3^5X0FCKGLHEKUTI FFHEBQ0ua$
local-user test123 service-type ssh
local-user test123 user-group manage-ug
#
```

（7）使用安全协议 Stelnet 登录设备，保障传输过程中的保密性和完整性。

```
<client001>stelnet 10 1.1.1 1025
Trying 10.1,11,
Press CTRL+E to abort
Connected to 10. 1.1. 1
The server s public key does not match the one cached before.
The server is not authenticated. Continue to access it? [Y/N]: y
The keyname: 10. 1. 1. 1 already exists. Update it? [Y/N]: n

Please input the username: client001
Please select public key type for user authentication [R for RSA/D for DSA/E for ECC] Please select
[R/D/E]: r
Enter password:
输入密码，显示登录成功信息如下：
Warning: The initial password poses security risks
The password needs to be changed. Change now? [Y/N]: n
Info: The max number of VTY users is 21. the number of current VTY users online is 4, and total
number of terminal users online is 4.
```

The current login time is 2013-12-31 11:22:06.

The last login time is 2013-12-31 10:24:13 from 10.1.2.2 through SSH.

2．服务器

（1）支持口令复杂度检查、限制连续的非法登陆尝试次数、限制管理访问链接数量、锁定会话时间，如图 7-9 所示。

图7-9　设置口令

（2）会话超时时间（会话空闲时间）设置，图 7-10 至图 7-12 是 SSH 和 WEB 的会话超时时间设置。

图7-10　会话超时设置

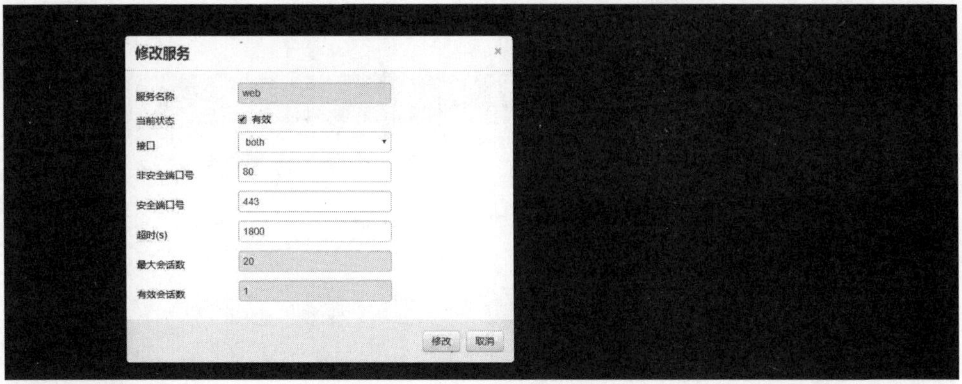

图7-11　修改服务

图7-12　服务设置

（3）支持双因素认证。

BMC采用证书+密码的方式进行双因素认证。通过IPMI命令开启和配置双因素认证功能，如图7-13所示。

图7-13　打开双因素认证

（4）通过浏览器登录时，双因素要求用户输入密码，如图 7-14 所示。

图7-14 提示输入密码

（5）导入证书的截图，如图 7-15 和图 7-16 所示。

图7-15 证书管理器界面

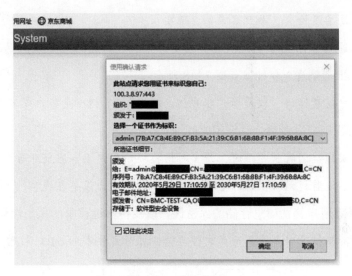

图7-16 导入证书

（6）鉴权失败提供无差别反馈，如图 7-17 所示。

图7-17 认证失败

（7）对用户身份鉴别信息进行安全保护。

BMC 的用户信息存储在 /etc/shadow 文件中。snmp V1/V2 get/set 团体字和 V3 密码采用 SHA256 加密存储，保存地点 /××××。Uboot 密码采用 SHA256 加密存储，保存地点 EEPROM。

BIOS 的 ROM Hole 空间用于保存 2 个 SHA256（密码 +salt）值。

3．PLC 设备安全策略和安全功能要求

（1）防范用户鉴别信息猜解攻击。

● 口令复杂度检查，参照本章第 2 节要求。

● 限制连续非法登录尝试次数。当用户密码连续输入错误次数达到 3 次时，PLC 拒绝登录 3 分钟，如图 7-18 所示。

● 若账户信息错误，仅提示"账户信息错误"，不指出是账户或密码错误。

（2）防止用户登录后会话空闲时间过长。

● 用户操作空闲时长超限时，弹出对话框提示用户输入当前账号和密码。

● 设备在线监视无人操作，空闲时长超限时，退出设备在线。

（3）保障用户鉴别信息存储的保密性，以及传输过程中的保密性和完整性。

● 用户密码权限以二进制形式文件存储，并对文件添加 CRC 校验。

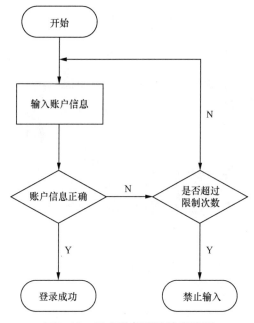

图7-18　PLC设备登录检查流程

第8章

访问控制安全

第1节　默认服务

标准条款　5.6a, b

a）默认状态下应仅开启必要的服务和对应的端口，应明示所有默认开启的服务、对应的端口及用途，应支持用户关闭默认开启的服务和对应的端口。

b）非默认开放的端口和服务，应在用户知晓且同意后才可启用。

▶ 条 款 解 读

一、目的和意图

本条款提出网络关键设备对默认状态下开启的服务和端口的要求。

二、条款释义

本条款主要规范网络关键设备开放服务和端口的安全要求。要点有4处：一是默认开启的服务应遵循"最小必要"的原则；二是默认开启的服务应明确告知用户；三是非默认服务的开启要征得用户的同意；四是设备应支持关闭服务的功能，无论是默认开启的服务还是用户主动开启的服务都应能关闭。

从攻击者的角度看，网络关键设备开启的服务越多、开放的端口越多，攻击面越大，攻击者能够发现设备漏洞的可能性越高。此外，在实际的使用场景中，用户通常对于默认开启的服务不会有太多的关注。因此，从网络设备安全的角度出发，攻击面越小，设备的安全性相对越高。这正是本标准条款在服务和端口方面提出安全要求的主要出发点。

网络关键设备在首次加电的情况下，服务开启应当遵循"最小必要"的原则，只开启必要的服务和对应的端口。必要的服务，可以理解成如果这些服务不开启，设备无法进行下一步正常的配置操作。基于以上原则，网络关键设备路由器利用 Console 接口进行设备本地配置的服务是默认状态下必要的服务，但通过 SNMP 进行设备的远程管理服务以及启动路由协议不是默认状态下必要的服务。

本标准条款在制定的过程中参考了 PLC 的相关标准。

GB/T 33008.1-2016《工业自动化和控制系统网络安全 可编程序控制器（PLC）第 1 部分：系统要求》规定 PLC 系统应按照职责分离和最小特权来分配权限，为资产所有者提供修改许可到角色的映射的能力，应明确禁止和 / 或限制对非必要的功能、端口、协议和 / 或服务的使用。

在网络关键设备中，启用的服务通常是基于 IP 协议，或者是基于 TCP/UDP 协议。基于 IP 协议的服务，分配 IP 协议号；基于 TCP/UDP 协议的服务，分配 TCP/UDP 端口号。

在网络技术中，端口（Port）包括两种类型：一是物理意义上的端口，如 ADSL 端口、用于连接其他网络设备的 RJ-45 端口、SC 光端口等；二是逻辑意义上的端口，一般是指 TCP/IP 协议中的端口。在网络关键设备中，服务通常是基于逻辑意义上的 TCP/IP 协议端口，不同的服务采用不同的传输层（TCP、UDP）端口（个别服务直接基于 IP 协议，使用协议编号进行区分）进行区分。TCP/UDP 端口分为 3 种类型。

（1）公认端口（Well Known Ports），也称为"常用端口"，端口号从 0 到 1023，用于特定的服务，一般情况下这种端口不可再重新定义为其他的用途。例如，默认状态下 Web 采用 80 号端口，FTP 采用 21 号端口，邮件服务器采用 25 号端口。网络关键设备上常用的端口如表 8-1 所示。

表8-1　网络关键设备上常用的端口

端口号	服务	说明
21	FTP	FTP（File Transfer Protocol）为文件传输协议，基于 TCP 协议，采用客户 / 服务器模式。通过 FTP 协议，用户可以在 FTP 服务器中进行文件的上传或下载等操作，是网络中文件上传和下载的首选协议
22	SSH	SSH（Secure Shell）由 RFC 4254 定义，是专为远程登录会话和其他网络服务提供安全性的协议。通过使用 SSH，可以把所有传输的数据进行加密，有效防止远程管理过程中的信息泄露问题。SSH 可以代替 Telnet，还可以为 FTP、PoP、PPP 等提供一个安全的"通道"
23	Telnet	Telnet 是互联网远程登录服务的标准协议和主要方式。为用户提供了在本地计算机上运行远程主机服务的能力。终端使用者通过 Telnet 连接到服务器后，可以在 telnet 程序中输入命令，这些命令会在服务器上运行，与直接在服务器的控制台上输入一样
53	DNS	域名系统（Domain Name System，DNS）是互联网的一项服务。它负责管理域名和 IP 地址的对应关系，通过将域名和 IP 地址相互映射，用户能更方便地访问互联网
67	BOOTP	引导程序协议（Bootstrap Protocol，BOOTP）是一种引导协议，用于局域网中的无盘工作站从中心服务器上获得动态 IP 地址，而不需要管理员去为每个用户设置静态 IP 地址。BOOTP 基于 UDP 协议，也称自举协议，是 DHCP 协议的前身
69	TFTP	简单文件传输协议（Trivial File Transfer Protocol，TFTP）是 TCP/IP 协议族中的一个用来在客户机与服务器之间进行简单文件传输的协议，提供不复杂、开销不大的文件传输服务。在网络设备中，TFTP 协议通常用于加载设备操作系统
80	HTTP	超文本传输协议（Hypertext Transfer Protocol，HTTP）是一个简单的请求 – 响应协议，运行在 TCP 协议上。HTTP 是应用层协议，基于 B/S 架构进行通信。HTTP 的服务器端的实现程序有 httpd、nginx 等，其客户端的实现程序主要是 Web 浏览器。在网络设备中，HTTP 协议通常用于设备基于 Web 的配置管理
161	SNMP	简单网络管理协议（Simple Network Management Protocol，SNMP）是专门设计用于在 IP 网络管理网络节点（路由器、交换机、服务器、工作站等）的一种标准协议，是一种应用层协议，其传输层协议一般采用 UDP。SNMP 协议规定了在网络环境中对设备进行监视和管理的标准化管理框架、通信的公共语言、相应的安全和访问控制机制。在网络设备中，通常支持 SNMP Agent，使得网络管理员能够使用 SNMP 协议查询设备信息、修改设备的参数值、监控设备状态、自动发现网络故障、生成报告等

（2）注册端口（Registered Ports）：端口号从 1024 到 49151。这些端口多数没有分配明确的服务，用户可以根据实际需要自行安排。

（3）动态或私有端口（Dynamic and/or Private Ports）：端口号从 49152 到 65535。理论上，常用服务不应分配在这些端口上。在实际的使用场景中，因为这些端口不太引人注意，容易隐蔽，某些特殊的程序，例如木马程序就非常喜欢用此类端口。

最常使用的服务端口有几十个，未被明确定义用途的端口占大多数。在网络攻击中，攻击者通常会定义一个特殊的端口，开启一个隐秘的服务来侵入主机、服务器或网络设备。为此，在本标准条款中，明确要求对于默认开启的服务以及服务所使用的端口应该在说明书中明示，便于用户掌握设备的运行状态。

为保证用户对于设备的控制权，在本标准条款中还规定了设备应支持用户关闭默认开启的服务和对应的端口的能力。也就是说，虽然在默认设置中，有些服务和其对应的端口是启用的，但设备的运营者（用户）有权在此后的运行中关闭此类服务和对应的端口。当然，网络设备的生产者可能会提出关闭默认的服务可能会导致设备不能正常运行，在此种情况下，网络设备的生产者需要做的是明确告知客户此类服务的用途、关闭服务及其端口可能带来的影响（后果），是否能够接受关闭默认服务和端口的后果由用户自行判断。

"最小必要"的原则最早出现在对个人信息的收集和使用的规定上。《网络安全法》第四十一条规定，网络运营者收集、使用个人信息，应当遵循合法、正当、必要的原则，公开收集、使用规则，明示收集、使用信息的目的、方式和范围，并经被收集者同意。《网络安全法》在此强调了收集个人信息的边界，不得收集与提供的服务无关的个人信息。个人信息保护法（草案）在总则部分也明确纳入了个人信息处理的五大基本原则，即合法正当诚信原则、目的明确与必要原则、透明原则、信息准确原则，以及责任与安全保护原则。例如地图导航软件需要用户的位置，这是功能性要求，属于必要的要求，导航软件可以要求用户提供；但如果导航软件要求用户必须提供姓名和身份证号才能使用，这就超出了必要的范畴。又如银行的 App 软件出于实名制的需要，可以获得用户的姓名、身份证号、联系电话及地址等信息，这些信息对于银行而言是必要的，是可以收集的。

"知情同意"的原则与"最小必要"的原则一样，广泛用于对个人信息的收集和使用上。《网络安全法》第四十一条提出了知情同意的要求。此外，在工业和信息化部发布的《移动互联网应用程序个人信息保护管理暂行规定》中，也明确规定了"知情同意"的要求，要求从事 App 个人信息处理活动的，应当以清晰易懂的语言告知用户个人信息处理规则，由用户在充分支持的前提下做出自愿的、明确的意思表示。对于网络关键设备上非默认开启的服务和端口，如果开启，也要遵循"知情同意"的原则。

三、示例说明

服务器

（1）BMC 配置界面显示和配置如图 8-1 所示。

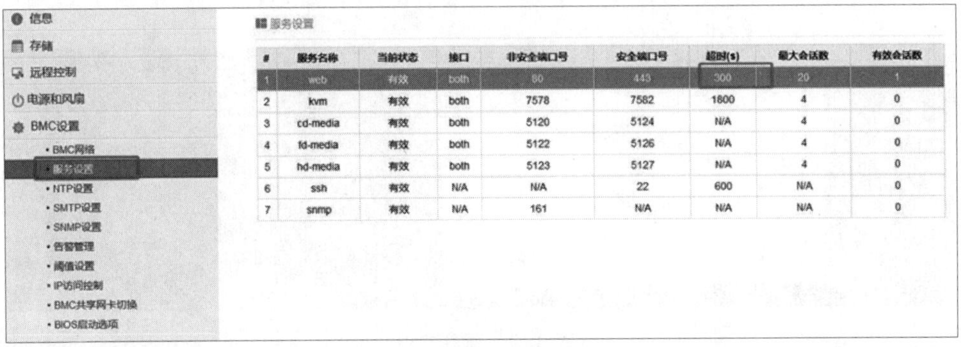

图8-1　BMC配置界面

（2）文档中描述：BMC 服务支持的网络服务端和其对应的端口如表 8-2 所示。

表8-2　BMC服务支持的网络服务端和其对应的端口

服务	非安全端口	安全端口
HTTP/HTTPS	TCP/80	TCP/443
SSH	NA	TCP/22
KVM	TCP/7578	TCP/7582
CD-MEDIA	TCP/5120	TCP/5124
FD-MEDIA	TCP/5122	TCP/5126
HD-MEDIA	TCP/5123	TCP/5127
SNMP AGENT	UDP/161	UDP/161
SNMP MULTIPLEXER	TCP/199	NA
VIRTUAL MEDIA OnNHTML5	NA	TCP/9999
KVM ON HTML5	NA	TCP/9666
IPMI	NA	TCP，UDP/623

（3）用户界面处于配置 SSH 的时候，需让用户知情并同意，如图 8-2 所示。

图8-2　配置SSH

第 2 节　访问受控资源

5.6c

c）在用户访问受控资源时，支持设置访问控制策略并依据设置的控制策略进行授权和访问控制，确保访问和操作安全。

注 1：受控资源指需要授予相应权限才可访问的资源。

注 2：常见的访问控制策略包括通过 IP 地址绑定、MAC 地址绑定等安全策略限制可访问的用户等。

条　款　解　读

一、目的和意图

本条款提出网络关键设备在访问受控资源时的安全要求。

二、条款释义

本条款主要规范网络关键设备的用户在访问设备资源的安全控制策略要求。要点有 3 处：一是网络关键设备应支持设置设备的访问控制策略，二是设置的策略中应包括对用户的授权，三是设置的策略能启用并生效。

广义来看，资源指的是一切可被开发和利用的物质、能量和信息的总称。对于网络设备而言，物质类的资源包括：机箱、板卡、电源模块、风扇、光/电接口、CPU、内存、Flash 卡、硬盘等；能量类的资源包括：电源模块提供的供电能力；信息类的资源包括：网络关键设备部署的系统软件、各类应用软件、数据库、中间件，以及软件过程中生成的表格、配置文件、转发地址表、MAC 地址表、路由表、转发队列等。

对资源的访问进行控制主要是基于 3 条理由：（1）可用资源的数量小于需要的数量；（2）资源具有一定的保密性，不能向非授权用户公开；（3）防止非法用户的侵入或者合法用户的不慎操作所造成的破坏。在网络关键设备中，受控资源包括接口板卡、配置文件、路由表等。

标准方面，美国发布的《可信计算机系统评估准则》（TCSEC）最早将访问控制的要求列入标准，TCSEC 明确提出 C1 级系统要求具备自主访问控制功能，B1 级以上的系统要求具备强制访问控制功能。此后，ISO/IEC 15408《信息技术安全评估通用准则》（对应的国家标准为 GB/T18336）在"安全功能需求"部分提出了访问控制安全策略的功能要求、基于安全属性的访问控制要求和安全属性管理要求。

本标准条款在制定的过程中，还参考了路由器、交换机、服务器和 PLC 的相关标准。

GB/T 18018-2019《信息安全技术 路由器安全技术要求》和 GB/T 20011-2005《信息安全技术 路由器安全评估准则》均提出了自主访问控制的要求。路由器应执行自主访问控制策略，通过管理员属性表，控制不同管理员对路由器的配置数据和其他数据的查看、修改，以及对路由器上程序的执行，阻止非授权人员进行上述活动。

GB/T 21050-2019《信息安全技术 网络交换机安全技术要求》提出网络交换机应实现访问控制策略，访问控制策略基于但不限于网络交换机的任务、网络交换机的标识、源和目的地址、端口的过滤（如 Telnet、SNMP）等。

GB/T 25063-2010《信息技术安全 服务器安全测评要求》对四级服务器提出自主访问控制功能要求，对重要文件的访问权限进行限制，对系统不需要的服务、共享路径等可能被非授权访问的客体进行限制。如果采用强制访问控制功能，要求采用"向下读，向上写"的模型。

GB/T 33008.1-2016《工业自动化和控制系统网络安全 可编程序控制器（PLC）第 1 部分：系统要求》提出 PLC 系统应能监视和控制来自非可信网络的访问，除非被指定角色批准，否则拒绝来自不可信网络的访问。对于便携和移动设备，PLC 系统应对其进行扫描，监视和记录扫描结果，确保其连接到一个区域之前，其安全状态符合该区域的安全策略和规程。

行业标准 YD/T 1359-2005《路由器设备安全技术要求—高端路由器（基于 IPv4）》要求高端路由器提供访问控制列表、流量控制、NAT 和 VPN 的方式，限制非法的用户访问资源。

访问控制技术作为一种重要的安全防护技术手段，得到广泛应用。美国国防部（Department of Defense，DoD）是访问控制技术研究最早的资助者，研究的主要目的是为了防止机密信息被未经授权者访问，后来该技术扩展应用至民用商业领域。

具体来说，访问控制有 3 个方面的作用：（1）允许合法用户访问受保护的资源；（2）防止非法的用户访问受保护的资源；（3）防止合法的用户对受保护的资源进行非授权的访问。

访问控制主要分为自主访问控制（Discretionary Access Control，DAC）、强制访问控制（Mandatory Access Control，MAC）、基于角色的访问控制（Role-Based Access Control，RBAC）和基于任务的访问控制（Task-Based Access Control，TBAC）四大类。在本标准条款中，对采用何种访问控制模式来实现对受控资源的访问，没有特定的要求。但根据网络设备的实际情况看，采用自主访问控制模式的较多。

自主访问控制是在确认用户主体身份及所属组的基础上，根据用户的身份和权限来决定访问模式、对访问进行限定的一种控制策略。自主访问控制除了用户有权对自身所创建的访问资源（配置文件、路由表等）进行访问外，还可以将这些资源的访问权授予其他用户及将已授的权限收回。自主访问控制策略典型的实施的机制包括访问控制列表（Access Control List，ACL）和能力列表（Capacity List，CL）。

自主访问控制通过将用户权限与用户直接对应实现了较高的访问效率和灵活度，但由于其权限传播可控性差，管理人员难以确定哪些用户对哪些资源具有访问权限，容易导致信息泄露，也不能有效地抵抗木马攻击。

强制访问控制克服了自主访问控制的缺陷，可以满足更高安全等级的要求。强制访问控制是指由专门设置的系统安全员对用户所创建的资源进行统一的强制性控制，按照设定的规则决定哪些用户可以对哪些资源进行何种操作。对某个具体的用户而言，即使是用户创建的资源，在创建完成后，如果没有系统安全员的授权，也可能无权访问该资源。

强制访问控制依据主体和客体的安全级别来决定主体是否有对客体的访问权，本质上是基于规则的访问控制。例如，采用强制访问控制的网络关键设备，其中每个进程、每个文件、每个消息队列，根据不同的安全要求被赋予了不同的安全属性。

强制访问控制根据主体和客体的敏感标记来决定访问模式，共有 4 种访问模式：

- 下读（Read Down）：用户级别大于文件级别的读操作；
- 上写（Write Up）：用户级别小于文件级别的写操作；
- 下写（Write Down）：用户级别等于文件级别的写操作；
- 上读（Read Up）：用户级别小于文件级别的读操作。

强制访问控制典型的例子是 Bell 和 La Padula 提出的 BLP 模型。在 BLP 模型中，主体是所有能够发起访问操作的实体，如操作系统进程等；客体是被动接受访问的资源，如文件。主体对客体的访问模式包括读、写、读写和执行。BLP 模型赋予每个客体一个安全级别（Security Level），赋予每个主体一个安全通行证（Security Clearance），两者通称为安全标签。

强制访问控制的优点是管理集中，根据事先定义好的安全级别实现严格的权限管理，适用于对安全性要求高的应用环境，是国防领域和政府机构安全系统中最为重要的访问控制模型。另外，强制访问控制通过信息的单向流动来防止信息扩散，可以有效地抵御特洛伊木马等恶意程序对系统保密性的攻击。强制访问控制的缺点在于安全级别间强制性太强，权限的变更非常不方便，很多情况下主体或客体安全级别的划分与实际应用很难达成一致，造成系统管理不便。总的来说，强制访问控制使用灵活性较差，应用领域比较窄，一般只适合政府机构和军事领域等具有严格保密性要求的行业或领域。

自主访问控制和强制访问控制是两种传统的访问控制模型，二者的优点与缺点也都较为明显。但对于架构或系统的安全需求处于变化过程中的组织而言，这两种访问控制模型都需要进行大量烦琐的授权变动，系统管理员的工作将变得非常繁重，易发生错误并造成一些意想不到的安全漏洞。综合考虑上述因素，又引入了基于角色的访问控制和基于任务的访问控制机制。

基于角色的访问控制（Role Based Access Control，RBAC）通过引入角色的概念，把对客体对象的访问权限授予角色而不是直接授予用户，然后为用户分配角色，用户通过角色获得访问权限。基于角色的访问控制模型通过将权限与角色相关联，极大地简化了权限的管理。基于角色的访问控制模型的安全性在于角色由系统管理员定义，角色的增减也只能由系统管理员来执行，即只有系统管理员有权定义和分配角色。用户与客体无直接联系，只有通过角色才能享有该角色所对应的权限，从而访问相应的客体。因此，用户不能自主地将访问权限授给别的用户，这是基于角色的访问控制与强制访问控制相似的特性，也是基于角色的访问控制与自主访问控制的根本区别所在。基于角色的访问控制与强制访问控制的区别在于：强制访问控制是基于多级安全需求的，而基于角色的访问控制则不是，基于角色的访问控制的权限控制更为灵活，可以更改角色的权限集合。基于角色的访问控制本质上是一种更为灵活的强制访问控制机制，因此兼具较好的安全性和灵活性。

在自主访问控制、强制访问控制和基于角色的访问控制模型应用中，所有的控制都是静态的，不考虑执行的上下文环境发生变化的问题。但在实际的工作中，数据在工作流中流动时，执行相关任务活动操作的用户在改变，用户的权限也在改变，这些变化都与数据处理的上下文环境相关，基于任务的访问控制（Task Based Access Control，TBAC）正是从工作流处理的角度来解决安全问题。基于任务的访问控制从任务的角度来建立安全模型和实现安全机制，在任务处理的过程中提供动态实时的安全管理。在基于任务的访问控制中，对访问权限的控制并不是静止不变的，而是随着所执行任务的上下文环境发生变化。首先基于任务的访问控制是一种上下文相关的访问控制模型，基于任务的访问控制考虑的是在工作流的环境中对信息的保护问题，在工作流环境中，数据的处理都是与上一次的处理相关联的，相对应的访问控制机制也应是如此；其次，基于任务的访问控制是一种基于实例（Instance Based）的访问控制模型，基于任务的访问控制不仅需要对不同工作流实行不同的访问控制策略，而且还能对同一工作流的不同任务实例实行不同的访问控制策略；最后，基于任务的访问控制的权限是有时效性的，因为任务都有时效性，所以在基于任务的访问控制中，用户对授予他的权限的使用也是有时效性的。基于任务的访问控制的优势在于从工作流中的任务角度建模，可以依据任务和任务状态的不同，对权限进行动态管理。因此，基于任务的访问控制非常适合分布式计算和多点访问控制的信息处理控制。

三、示例说明

1. 服务器

BMC 提供的访问控制功能包括通过 IP 地址绑定、MAC 地址绑定、时间段设置，如图 8-3 所示。

2. PLC 设备访问受控资源要求

根据对应用户权限等级对应的操作权限策略，对用户的访问和操作进行权限限制。根据用户分级权限中权限等级来控制当前访问或操作的权限。普通用户允许读取寄存器数据，不允许修改寄存器、固件和工程文件，如图 8-4 所示。

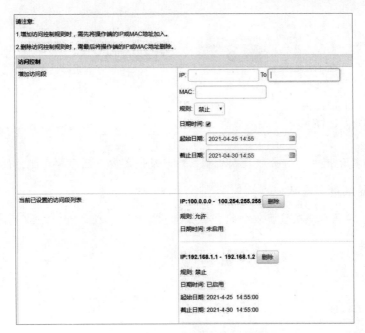

图8-3　BMC提供的访问控制功能

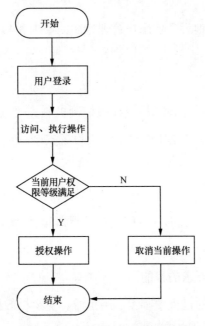

图8-4　PLC组态软件访问限制

第3节　分级分权

标准条款　5.6d

　　d）提供用户分级分权控制机制。对涉及设备安全的重要功能，仅授权的高权限等级用户使用。

　　注：常见的涉及设备安全的重要功能包括补丁管理、固件管理、日志审计、时间同步等。

▶ **条 款 解 读**

一、目的和意图

本条款提出网络关键设备在用户管理方面的要求和与安全相关的重要功能特定的要求。

二、条款释义

本条款规范了网络关键设备用户权限控制机制。要点有两处：一是要提供分级分权的权限控制机制；二是明确对于涉及设备安全的重要功能，只限于高权限等级的用户才能使用。

网络关键设备中，涉及网络安全的重要功能包括增加和删除用户、为用户分配权限、补丁管理、固件管理、时间同步、日志审计等。对于此种类型的操作，不是所有的用户都能执行，只有被明确授权的用户才能执行。这也是在本标准中提出分级分权权限控制要求的目的。

本标准条款在制定的过程中参考了路由器、交换机的相关标准。

GB/T 18018-2019《信息安全技术 路由器安全技术要求》提出路由器应能够

设置多个角色，具备划分管理员类别和规定相关权限（如监视、维护配置等）的能力，能够限定每个管理员的管理范围和权限，防止非授权登录和非授权操作。

GB/T 20011-2005《信息安全技术 路由器安全评估准则》提出安全功能应具备划分管理员级别和规定相关权限（如监视、维护配置等）的能力。

GB/T 21050-2019《信息安全技术 网络交换机安全技术要求》规定网络交换机应支持对所有的流量分配优先级，控制资源访问方式，以防止低级别服务干扰或延迟高级别的服务。

网络设备在设计之初，通常只设有一个管理账号，这个用户负责该设备的配置、日志查看分析等所有的功能，但随着对于网络设备的大量使用，组成了一个网络，网络上也承载着越来越多的重要数据，对于设备的管理愈加重视。特别是网络关键设备，通常位于网络的核心位置，一旦配置错误或者遭受攻击，会带来重大的安全风险。如果只有一个管理账号，拥有的权限太大，会给系统造成很大的安全隐患。在这种情况下，通常采用分权的方法，将权限拆分给不同的角色。典型的角色包括：

- 用户管理员：管理、创建、修改用户账号，为用户配置级别和操作的权限；
- 操作管理员：对设备进行配置；
- 审计管理员：管理和查看安全审计日志。

在网络关键设备中，通常是将日志信息输出到日志服务器，之后由专门的用户管理和查看分析日志。

三、示例说明

1. 路由器设备分级分权要求

配置 2 个用户 user1 和 user2，权限分别为高权限 15 级和低权限 2 级。

```
<system-user>
 authorization-template 1
  bind aaa-authorization-template 2001
 local-privilege-level 15
```

```
$
authorization-template 2
bind aaa-authorization-template 2001
  local-privilege-level 2
$
  user-name user1
bind authentication-template 1
bind authorization-template 1
password encrypted
*21*1d9FBNztjJfcpwprzdqacRKmtnEspry7nBqicyjFzgulviwfn/y4rxpJAf/hAXKo9kscq23ex
EMi2wtBjkgw5ot 4U/88YEWQ3UN0I2MWKSE/uibfns7eiuvd+ 4B
user-name user2
bind authentication-template 1
bind authorization-template 2
password encrypted
*21*dgFNztiJfcpwlynFdch5xIecyHnFQd+NyXmHspvgxtpTcBAoeHp+eUlpTiYdpdpYorhgu3EZ
BX9aQvsArgvgTuy Eibfc6pxevizfdfckxssxofnkohfgufbpkm
```

2. PLC 设备分级分权要求

用户分级分权限，对不同操作进行权限控制。Level0 为管理员权限，在新建工程时授权，工程有且仅有一个管理员账户。Level0 级用户可对低等级（Level1、Level2）用户权限修改密码，如表 8-3 所示。

表8-3 PLC设备权限控制

权限内容	Level0	Level1	Level2
新建工程	√	×	×
工程组态编辑	√	√	×
编辑修改用户名和密码	√	×	×
创建、编辑或删除 Level 1、2 用户	√	×	×
固件下装	√	×	×
工程文件下装	√	√	×
PLC 寄存器在线写	√	√	×
PLC 寄存器在线读	√	√	√

第9章

日志审计安全

第1节 日志审计功能

标准条款 ▶ **5.7a**

　　a）应提供日志审计功能，对用户关键操作行为和重要安全事件进行记录，应支持对影响设备运行安全的事件进行告警提示。

　　注：常见的用户关键操作包括增 / 删账户、修改鉴别信息、修改关键配置、文件上传 / 下载、用户登录 / 注销、用户权限修改、重启 / 关闭设备、编程逻辑下载、运行参数修改等。

一、目的和意图

　　本条款提出网络关键设备在日志记录和告警的功能要求，便于在发生安全事件时可以依据日志记录进行溯源取证分析。

二、条款释义

　　本条款规范了网络关键设备日志审计的功能要求。要点有两处：一是明确了需要进行日志记录的行为和事件，具体来说，用户进行网络关键设备的关键操作，诸如用户增删、修改口令、配置信息等操作应该记入日志；二是明确网络关键设备应具备安全事件的告警功能。

为监视设备的状态和活动、进行异常分析、定位问题发生的原因、在受到网络攻击的情况下回溯攻击的来源、攻击的路径、造成的危害等，需要对网络关键设备所进行的一系列的操作和产生的安全事件进行记录和分析。网络关键设备在运行的过程中，会涉及用户的登录和退出、功能模块的启动和结束、对外发起网络连接等关键性操作。同时，在运行期间，网络关键设备还可能发生各种异常事件，遭受到外部的攻击等。总体来说，日志分为用户操作日志和系统运行日志两大类。

日志记录应满足完整、具体、直接、格式统一规范的要求。具体来说，日志记录应该满足下面的 4 个要求。

（1）能再现行为。要求在日志中记录设备运行中所有的安全相关事件，包括所有的入侵企图或者成功的入侵行为，在必要的情况下，应该能够再现产生某一设备状态的主要行为，以方便调查取证和恢复系统。

（2）信息精简。日志信息要求必须精简，过多的非关键信息不但对日志分析起不到正面作用，反而会增加日志系统的运行压力，消耗日志系统的运行资源。

（3）输出量合理。日志的输出量会直接影响存储空间的使用以及对于应用的性能消耗，日志太多不利于查看、采集、分析；日志太少不利于监控，同时在出现问题的时候没办法调查。

（4）性能消耗合理。日志作为管理关键设备中的辅助模块，一定不能影响到设备的主体功能，不能阻塞主要功能的运行。一般而言，日志的性能消耗不超过整体 CPU 计算能力的 5%。

日志通常分为从紧急到跟踪 6 个不同的等级，严重情况从高到低。

（1）FATAL/EMERGENCY（致命 / 紧急）：用来输出非常严重或预期中不会发生的错误，出现此类错误应当立即报警并由人工介入处理。

（2）ERROR（错误）：非预期中的错误，此类错误可能导致部分功能异常但不会影响核心功能正常运行；出现 ERROR，一般情况下设备需要告警，提醒用户进行及时处理和优化。

（3）WARN（警告）：此时设备还未产生异常，但出现了潜在的危险或值得关注的信息。一般情况下，日志系统不会为 WARN 发出告警。

（4）INFO（信息）：设备在运行过程中的详细信息，通常用于对系统运行情况的监控。

（5）DEBUG（调试）：用于调试版本的日志信息，以便开发过程中对设备运行情况监控，在实际发布的版本中通常禁用此类信息的输出。

（6）TRACE（跟踪）：输出最详细的设备运行记录，可能包含设备运行中涉及的数据内容。

日志分等级一方面是为了能够表示日志的严重程度，另一方面也是为了控制应用程序的日志输出量。

本标准条款在制定的过程中参考了路由器、交换机、服务器和 PLC 设备的相关标准。

GB/T 18018-2019《信息安全技术 路由器安全技术要求》提出路由器至少应将审计功能的启动和终止、用户管理、登录事件、系统事件、配置文件的修改等记入日志。

GB/T 20011-2005《信息安全技术 路由器安全评估准则》要求为路由器的可审计事件生成审计记录。

GB/T 21050-2019《信息安全技术 网络交换机安全技术要求》要求网络配置管理员和网安全管理员的活动应被审计，其操作应记入日志，并定期被查阅。

GB/T 25063-2010《信息技术安全 服务器安全测评要求》第四级服务器的审计功能要求将系统内重要的安全相关事件记入日志。

GB/T 33008.1-2016《工业自动化和控制系统网络安全 可编程序控制器（PLC）第 1 部分：系统要求》要求将访问控制、请求错误、系统事件、备份和存储事件、配置变更、潜在的侦查行为和审计日志事件记入日志。

YD/T 1359-2005《路由器设备安全技术要求—高端路由器（基于 IPv4）》要求设备能够提供流量日志能力，对控制平面的操作要提供日志记录功能，例如路由表等有重要影响的控制操作要记入审计日志。

三、示例说明

1．路由器设备日志审计功能要求

将管理员账户登录、执行创建用户、修改用户权限、修改用户密码等操作记入日志。

```
Router(config)#show logfile
starttime: 19:08:57 06-24-2021 Endtime: 19:09:08 06-24-2021 FlowID: 436 vtyNo: vty0 username: sha userlevel: 15 IP:10.40.156.173 HostName Router Result: success CMDLevel: 15 CMDLine: snmp-server community
...
```

2．服务器的日志审计

可以查看服务器操作记录，如图 9-1 所示。

事件ID	时间戳	主机名	描述
1	04/14/2021 15:47:48	IEIB4055D48981D	From IP: 192.168.1.103 User: admin Operation: Clear BMC Audit Log Success
2	04/14/2021 15:47:52	IEIB4055D48981D	From IP:192.168.1.103 User:admin HTTPS Logout Success
3	04/14/2021 15:47:55	IEIB4055D48981D	From IP:192.168.1.103 User:admin HTTPS Login Success
4	04/14/2021 15:49:41	IEIB4055D48981D	From IP: 192.168.1.103 User: admin Operation: Soft Off Success
5	04/14/2021 15:49:55	IEIB4055D48981D	From IP: 192.168.1.103 User: admin Operation: Power On Success
6	04/14/2021 15:50:02	IEIB4055D48981D	IPMI|HOST|NA|Operation:Set Watchdog Timer NetFn:0x6 CMD:0x24 Req:0x1 0x1 0 0 0xb8 0xb Rsp:0. Success.
7	04/14/2021 15:50:29	IEIB4055D48981D	IPMI|HOST|NA|Operation:Set Watchdog Timer NetFn:0x6 CMD:0x24 Req:0x1 0x1 0 0 0xb8 0xb Rsp:0. Success.
8	04/14/2021 15:51:31	IEIB4055D48981D	From IP:192.168.1.103 User:admin HTTPS Logout Success
9	04/14/2021 15:52:49	IEIB4055D48981D	IPMI|HOST|NA|Operation:Set System Boot Options NetFn:0 CMD:0x8 Req:0x5 0 0 0 0 0 Rsp:0. Success.
10	04/14/2021 15:52:49	IEIB4055D48981D	IPMI|HOST|NA|Operation:Set System Boot Options NetFn:0 CMD:0x8 Req:0x4 0x1 0 Rsp:0. Success.
11	04/14/2021 15:53:04	IEIB4055D48981D	From IP:192.168.1.103 User:admin HTTPS Logout Success
12	04/14/2021 15:53:05	IEIB4055D48981D	From IP:192.168.1.103 User:admin HTTPS Login Success
13	4/2021 15:57:37	IEIB4055D48981D	From IP: 192.168.1.103 User: admin Operation: Add User (Name:test3) (ID:4) Success
14	4/2021 15:57:50	IEIB4055D48981D	From IP: 192.168.1.103 User: admin Operation: Delete User (ID:4) Success
15	4/2021 15:58:14	IEIB4055D48981D	From IP: 192.168.1.103 User: admin Operation: Modify User (Name:test2) (ID:3) Success

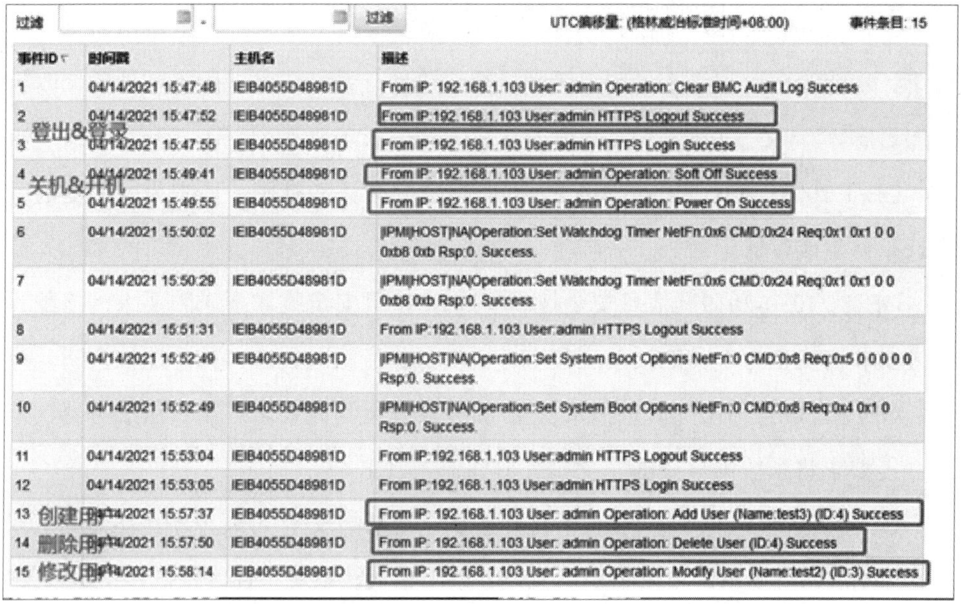

图9-1　服务器的日志审记

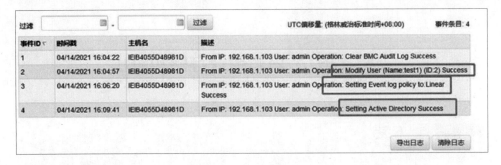

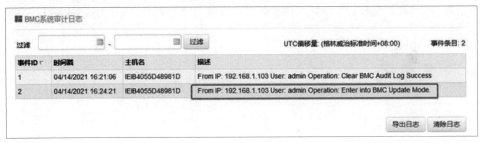

图9-1　服务器的日志审记（续）

3. PLC 设备日志审计功能要求

PLC 日志主要分为存储在 PLC 设备本体的运行日志和存储在上位机的组态软件操作日志。

PLC 设备允许组态软件读取设备运行日志。

PLC 日志包括增加 / 删除账户、固件下装、工程文件上传 / 下载、用户登录 / 注销、用户权限修改、重启 / 关闭设备、运行参数修改等功能。如图 9-2 所示。

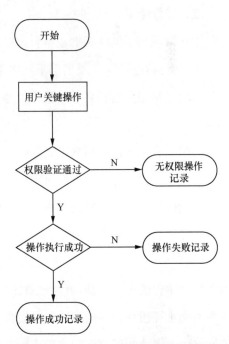

图9-2　PLC设备和组态软件操作日志

第2节　日志审计存储和输出

标准条款　5.7b

b）应提供日志信息本地存储功能，支持日志信息输出。

▶ 条 款 解 读

一、目的和意图

本条款提出网络关键设备日志信息本地存储和转存的功能要求。

二、条款释义

本条款规范了网络关键设备日志在本地存储要求和转存到其他日志系统的功能要求。要点有两处：一是明确了网络关键设备要具备日志信息的本地存储功能，二是明确了网络关键设备应具备将本地存储的日志信息输出到其他日志系统的接口能力。

考虑到直接通过网络输出到其他的日志系统可能存在的网络失效，提出了网络关键设备必须支持本地存储日志信息的功能，以便在网络失效的情况下还能保存一定量的日志信息，提高日志信息的整体可靠性。需要注意的是，日志的本地存储功能和日志的输出能力要求同时具备，不是二选一的关系。

《网络安全法》第二十一条要求网络运营者采取监测、记录网络运行状态和网络安全事件的技术措施，并按照规定留存相关的网络日志不少于6个月。显然，作为网络重要组成部分的网络关键设备，需要能够提供相应的日志记录功能，以便网络运营者监控网络运行。考虑到网络关键设备日志信息本地存储的能力可能无法满足 6 个月的要求，以及网络运营者集中监控的需要，提出了日志信息必须能够输出的功能要求。

日志信息的输出主要包括文本、SNMP Trap 和 Syslog 等方式。

文本方式指的是用邮件或 FTP 方式传输日志文件。在网络关键设备中设置报警或通知条件，当符合条件的事件发生时，相关事件信息就会被记录下来，然后在特定的时间由设备或系统主动地将这些日志信息以邮件或 FTP 形式发给预先设定的接收者。文本方式通常用在采集日志数据范围小、速度比较慢的网络中，不是日志信息传输的主流方式。

SNMP Trap 方式基于 SNMP MIB。在 SNMP MIB 中定义了可以被收集的信息、trap 的触发条件等。当符合 trap 触发条件的事件发生时，相应的信息被发送到 SNMP 服务器。由于 SNMP Trap 机制是基于事件驱动的，代理只有在监听到故障时才通知管理系统，非故障信息不会通知管理系统。SNMP Trap 的局限性在于不同厂商网络设备设置的私有 MIB，导致日志系统不能完整、正确地解析和应用日志信息。

Syslog 方式支持路由器、交换机、服务器等众多的网络设备。Syslog 使用 UDP 作为传输协议，缺省使用目的端口 514（也可以是其他定义的端口号），将所有网络设备的日志信息发送到安装了 Syslog 软件系统的日志服务器，Syslog 日志服务器自动接收日志数据并写到日志文件中。

在日志输出中优选 Syslog 方式，主要基于下述考虑：

（1）Syslog 协议广泛应用在编程上，许多日志函数都已支持 Syslog 协议。通过 Syslogd 进程（负责大部分系统事件的守护进程），将系统事件写到一个文件或设备中，本地记录事件或通过网络记录到远端设备上。

（2）当今网络设备普遍支持 Syslog 协议。几乎所有的网络设备都可以通过 Syslog 协议，将日志信息以用户数据报协议（UDP）方式传送到远端服务器，远端接收日志服务器通过 Syslogd 监听 UDP 端口 514，并根据 Syslog.conf 配置文件中的配置处理接收到的日志信息，把指定的事件写入特定的文件中，供后台数据库管理和分析使用。

（3）Syslog 协议和进程简单，在协议的发送者和接收者之间不要求严格的相互协调。实际上，Syslog 信息的传递可以在接收器没有被配置甚至没有接收器的情况下开始。反之，在没有清晰配置或定义的情况下，接收器也可以接收信息。

本标准条款在制定的过程中参考了服务器和 PLC 设备的相关标准。

GB/T 25063-2010《信息技术安全 服务器安全测评要求》对第四级服务器的日志信息输出接口提出了要求，要求检查系统是否提供集中审计系统连接的接口，并能根据集中审计系统的要求发送审计数据。

GB/T 33008.1-2016《工业自动化和控制系统网络安全 可编程序控制器（PLC）第 1 部分：系统要求》提出 PLC 系统应提供按照工业标准格式输出审计记录的能力，以便标准的商业日志分析工具对其分析。

第 3 节　日志审计记录要素

标准条款 　5.7c

c）日志审计功能应记录必要的日志要素，为查阅和分析提供足够的信息。

注：常见的日志要素包括事件发生的日期和时间、主体、类型、结果、源 IP 地址等。

▶ 条 款 解 读

一、目的和意图

本条款提出网络关键设备日志信息记录时要素的原则性要求。

二、条款释义

本条款规范了网络关键设备在记录日志时对日志要素的原则性要求，要求记录必要的要素，目的是为后续的日志审计和日志分析提供足够的信息。要点在于必要的日志要素。

如何理解"必要"，可以从记录日志信息的目的入手。日志记录的目的在于监控设备的运行以及是否受到了攻击。如果遭受了攻击，攻击的来源、路径、手段、结果等又是什么？

通常来说，日志记录可以参考"5W1H"模式。即至少应该记录。

（1）时间（When），事件是什么时候发生的？时间记录的颗粒度越详细越好，考虑到当前网络入侵的速度有可能很快，为准确反应事件发生的时间顺序，时间记录应该精确到毫秒（ms）级别。

（2）操作主体（Who），事件或操作的执行者是谁？操作者或者执行者可以采用用户账号、操作来源的 IP 地址等来表示。

（3）场所（Where），事件发生的位置。位置可以是网络关键设备的硬件模块，也可能是设备的软件模块。

（4）事件（What），事件的具体内容。包括事件发生时的现象、设备的状态（例如设备发送 / 收到的报文内容、CPU 的利用率、内存的利用率、内存中填写的内容等）、事件所引发的后果等。

本标准条款在制定的过程中参考了路由器和服务器的相关标准。

GB/T 18018-2019《信息安全技术 路由器安全技术要求》提出路由器的日志信息中至少应记录以下信息：

● 事件发生的日期和时间

● 事件的类型

● 管理员身份

● 事件的结果（成功或失败）

GB/T 20011-2005《信息安全技术 路由器安全评估准则》规定审计记录中至少记录以下信息：

- 事件发生的日期和时间
- 事件的类型
- 用户身份
- 事件的结果（成功或失败）

GB/T 25063-2010《信息技术安全 服务器安全测评要求》对第四级服务器日志信息要求包括：

- 事件发生的日期与时间
- 触发事件的主体与客体
- 事件的类型
- 事件成功或失败
- 身份鉴别事件中请求的来源（如末端标识符）
- 事件的结果

第4节　日志保护

标准条款 5.7d

d）应具备对日志在本地存储和输出过程进行保护的安全功能，防止日志内容被未经授权的查看、输出或删除。

注：常见的日志保护安全功能包括用户授权访问控制等。

一、目的和意图

本条款提出网络关键设备日志信息在本地存储和传输过程中的安全要求。

二、条款释义

本条款规范了网络关键设备在日志本地存储和传输到外部日志系统时的安全要求，要求保护日志的机密性和完整性，目的在于防止日志内容被未经授权的用户查看、输出或删除。要点有两处：一是对于日志信息的本地存储提出了机密性和完整性的要求，二是对于日志信息在转存传输的过程中提出了机密性和完整性的要求。

网络关键设备可能被入侵，设备日志信息对于监控和溯源至关重要。此外，设备上存储的日志信息也可能被攻击者访问篡改，如何保护日志信息的安全成为设备安全的关注重点。基于上述的考虑，在本条款中提出日志存储的安全要求。

具体实现而言，对于正常的设备用户，可以通过设置访问控制策略的方式，使得一般的用户不具备访问本地日志信息的权限，无法读取、修改设备的日志信息。但对于网络攻击者，一旦攻击成功，通常也意味着他们已经绕过了访问控制的限制，取得了对于本地日志文件的访问权限，此时更为重要的是使攻击者无法掌握日志信息的具体内容，即使攻击者对日志文件进行了修改，通过分析日志文件也能发现，此时对于本地存储的日志信息的完整性校验和加密就显得尤为重要。

另外，由于受限于本地存储的容量，本地的日志信息需要转存到外部的日志服务器。此时，日志信息又面临来自转存传输的路径上被窃取的风险和日志服务器的信息被窃取的风险。对于日志服务器所面临的风险，产生日志信息的网络关键设备无能为力，也不在本标准的考虑范围之内。但对于日志转存传输的路径，网络关键设备需要支持一定的安全能力，来保证日志信息的机密性和完整性。对于传输路径通常的做法是采用安全加密的方式，保证从网络关键设备到日志服务器通信信道的安全，具体可以参考通信安全部分。

本标准条款在制定的过程中参考了路由器、服务器和 PLC 设备的相关标准。

GB/T 18018-2019《信息安全技术 路由器安全技术要求》要求路由器应能保护已存的审计记录，避免未经授权的删除，并能监测和防止对审计记录的修改，保证所有的审计记录的完整性。

GB/T 20011-2005《信息安全技术 路由器安全评估准则》提出路由器的安全功能应能保护已存的审计记录，避免未经授权的删除，并能监测和防止对审计记录的修改。路由器安全功能在检测到可能有安全危害发生时，应做出响应，如通知管理员，并向管理员提供制止危害的手段。

GB/T 25063-2010《信息技术安全 服务器安全测评要求》对第四级服务器提出应具备安全功能，防止非法终止审计功能或修改其配置。

GB/T 33008.1-2016《工业自动化和控制系统网络安全 可编程序控制器（PLC）第 1 部分：系统要求》要求审计信息得到保护，PLC 系统应保护审计信息和审计工具不被未经授权的访问、修改和删除。

三、示例说明

1. 路由器、交换机

（1）使用未授权的用户账号登录，无法查看、删除、输出日志。

```
Username: client001
Password:
Info: The max number of VIY users is 21. the number of current VIY users online is 1, and total number of terminal users online is 1.
The current login time is 2021-03-19 17: 32: 31
<Switch>display logbuffer
Error: You do not have permission to run the command or the command is incomplete
```

（2）使用授权的用户账号登录，可以查看日志。

```
Username: client001
Password:
Info: The max number of VIY users is 21. the number of current VIY users online is 1, and total number of terminal users online is 1.
The current login time is 2021-03-19 17: 33: 31
```

```
<Switch>display logbuffer ?
brief                   Brief information
  Level                 Only display items with the level match the designated level
  Module                Specify the module
  security              Security log
  size                  Maximum size is set for the buffer
  slot                  Only display items which are from the designated slot
  starttime             Only display items with the time not less than the start time
  |                     Matching output
  >                     Redirect the output to a file
  >>                    Redirect the output to a file in append mode
```

2．PLC 日志保护要求

PLC 产品组态软件操作日志生成用户操作日志时，保存在硬盘的内容是经过 AES 加密后的文件。日志文件跟随用户工程进行保存，每次读取时需与工程进行匹配校验，如校验失败则删除工程目录下的日志文件，并给出提示。

在日志读取过程中会对用户权限进行判断，需要相关的日志操作权限才可以对日志内容进行查看、输出等操作，如图 9-3 所示。

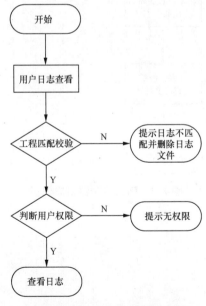

图9-3　PLC组态软件日志保护

　　PLC 控制器的运行日志提供锁定功能。通过用户输入密码的方式对控制器重大操作进行保护。在控制器加锁后，导出日志会要求用户输入密码进行权限校验。PLC 控制器的运行日志采用 AES 加密保存，读取成功后由组态软件解析，如图 9-4 所示。

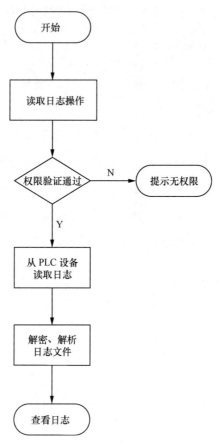

图9-4　PLC控制器日志保护

第5节　日志存储异常要求

标准条款 ▶ 5.7e

e）应提供本地日志存储空间耗尽处理功能。

注：本地日志存储空间耗尽时常见的处理功能包括剩余存储空间低于阈值时进行告警、循环覆盖等。

一、目的和意图

本条款提出网络关键设备在本地存储日志信息时存储空间异常时的处理要求。

二、条款释义

本条款规范了网络关键设备在本地存储日志信息时，存储空间容量不足时的安全功能要求。要点在于面临存储空间耗尽时要有对应的动作，采取相应的措施，而不是要求设备提供巨量的本地存储空间。

如果在某一段时间内，网络关键设备产生的日志信息增加很快，而日志转存传输的路径又不通畅时，则存在本地日志信息存储空间迅速耗尽的可能性。显然，不能要求每类设备都配置巨量的存储容量来满足 6 个月最大日志产生速率存储的极端要求。比较现实可行的方式是网络关键设备要监控日志的存储空间，在存储容量不足时发出告警，提醒用户尽快采取处置措施。同时，要允许用户配置存储策略，设置在存储容量达到上限时采取循环覆盖、仅记录致命 / 紧急信息或者其他的操作，以最大的可能性保留重要的日志信息，减少日志的安全风险。

本标准条款在制定的过程中参考了 PLC 设备的相关标准。

GB/T 33008.1-2016《工业自动化和控制系统网络安全 可编程序控制器（PLC）第 1 部分：系统要求》提出 PLC 系统应根据日志管理和系统配置普遍认可的推荐值来分配足够的审计记录存储容量。PLC 系统应提供审计机制减少超出该容量的可能性。当分配的审计记录存储量达到最大审计记录存储容量的某个可配置比例时，PLC 系统应提供发出警告的能力。当审计流程失败时，提供覆盖最老的审计记录、停止生成审计记录等响应的能力。

三、示例说明

PLC 设备日志存储异常处理

PLC 产品组态软件创建工程时，可在用户工程中设置日志的保存规则，如只保存最近固定时间段的日志、日志文件大小限制、日志覆盖规则等。

日志进行磁盘保存时，根据工程中设置的规则进行日志整理及磁盘大小判断，如磁盘剩余储存空间低于阈值则进行警告，并对日志进行加密备份，防止日志丢失，如图 9-5 所示。

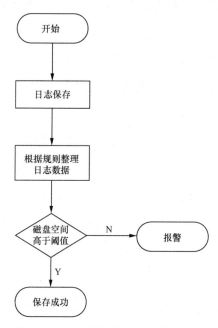

图9-5　PLC组态软件日志异常处理

PLC 控制器的"日志记录"功能。当存储条数达到最大值时，通过覆盖旧数据的方式进行循环写入，以保证数据的时效性，如图 9-6 所示。

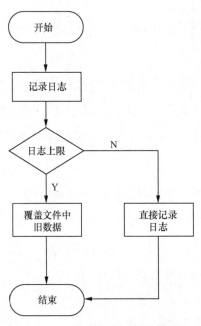

图9-6 PLC控制器日志异常处理

第 6 节 日志存储信息要求

标准条款 5.7f

f）不应在日志中明文或者弱加密记录敏感数据。

注：常见的弱加密方式包括信息摘要算法（MD5）、Base64 等。

▶ 条 款 解 读

一、目的和意图

本条款提出网络关键设备在记录日志信息时对敏感数据的处理要求。

二、条款释义

本条款规范了网络关键设备在记录日志信息时，对于敏感的数据的存储安全要求，提出了不得以明文或者弱加密的方式存储敏感数据。要点有两处：一是敏感数据可以记录在日志中；二是对于敏感数据要采取保护措施。

在标准的【3.4】给出了敏感数据的定义。安全性是衡量加密算法优劣的一个重要指标，容易被破解的加密算法被称为弱加密算法，例如可以使用穷举法在有限的时间内破解的 DES 算法、信息摘要算法（MD5）、Base64 等均是弱加密算法。在网络关键设备等安全性要求较高的系统中，建议使用安全性更高的加密算法（如 AES、RSA）对敏感数据进行加密。

三、示例说明

1. 路由器日志存储信息要求

使用管理员账户登录，配置用户口令、snmp 团体名，配置完成后查看日志中未见明文密码。

```
Router(config)# snmp-server community
Please configure community
Community: *********
Confirm community: *********
Router(config)#show logfile
starttime: 19:08:57 06-24-2021 Endtime: 19:09:08 06-24-2021 FlowID: 436 vtyNo: vty0
username: sha userlevel: 15 IP:10.40.156.173 HostName Router Result: success CMDLevel: 15
CMDLine: snmp-server community
...
```

2. PLC 设备日志存储信息要求

PLC 产品组态软件生成用户操作日志时，采用了自有数据结构的二进制文件进行储存，保存在硬盘的内容是经过 AES 加密后的文件，同时对日志文件进行了文件完整校验（CRC、MD5），以及工程匹配校验，如图 9-7 所示。

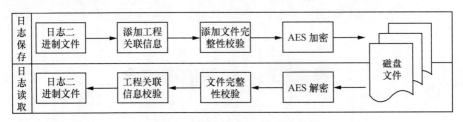

图9-7 PLC组态软件日志保护

PLC 控制器的运行日志，主要记录系统重大操作、异常等运行过程中的信息，包括时间、事件 ID，不涉及敏感信息。日志采用自有数据结构的二进制方式，保存在控制器非易失器件的内容是经过 AES 加密后的内容，如图 9-8 所示。

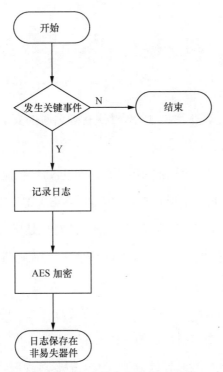

图9-8 PLC设备运行日志保护

第10章

通信安全

第1节　管理信道安全

标准条款　5.8a

a）应支持与管理系统（管理用户）建立安全的通信信道／路径，保障通信数据的保密性、完整性。

▶ 条 款 解 读

一、目的和意图

本条款提出网络关键设备在与管理端进行通信时的安全要求。

二、条款释义

本条款主要规范网络关键设备的用户在管理设备时通信信道／路径的安全要求。要点有两处：一是明确通信信道／路径的范围，网络关键设备中的通信信道／路径分为管理和业务两种，在本标准条款中，规范的对象是用户管理、配置设备用到的管理信道；二是信道／路径主要保证所承载数据的保密性和完整性，对于数据的可用性方面没有提出要求。

对网络关键设备的管理，除了可以在本地进行，更多的时候是通过专用的管理接口进行远程管理。为对抗可能的嗅探攻击、中间人攻击、重放攻击等，避免设备的配置信息、管理参数被泄露或被篡改，需要对管理信道／路径采用一定的安全保证，保证通信数据的保密性和完整性。

管理信道 / 路径承载的数据实现了对网络关键设备的故障管理、配置管理、性能管理、安全管理、计费管理。具体内容如下。

（1）故障管理：包括故障检测、隔离和排除三方面，具体又分为故障监测、故障报警、故障信息管理、故障信息检索 / 分析等。

（2）配置管理：初始化网络并配置网络，使其提供网络服务。配置管理目的是为了实现某个特定功能或使网络性能达到最优。具体的操作包括配置信息的自动获取、自动配置、自动备份及相关技术、配置一致性检查、用户操作记录功能等。

（3）性能管理：评价系统资源的运行状况及通信效率等系统性能。性能管理包括监视和分析被管网络及其所提供服务的性能机制。性能分析的结果可能会触发某个诊断测试过程，或重新配置网络以维持网络的性能。性能管理收集分析有关被管网络当前状况的数据信息，并维持和分析性能日志。具体的功能包括性能监控、阈值控制、性能分析、可视化的性能报告、实时性能监控、网络对象性能查询等。

（4）安全管理：包括对授权机制、访问控制、加密和密钥的管理、维护和检查安全日志。具体包括管理员身份认证、管理信息存储与传输的加密与完整性保护、网络管理用户的分组管理与访问控制、系统日志分析。

（5）计费管理：记录网络资源的使用，估算用户使用网络资源可能需要的费用和代价，以及已经使用的资源。网络管理员还可规定用户可使用的最大费用，从而控制用户过多占用网络资源。具体又分为计费数据采集、数据管理与数据维护、计费政策制定、政策比较与决策支持、数据分析与费用计算、数据查询等。

常见的远程管理协议包括简单网络管理协议（SNMP）、公共管理信息服务与协议（CMOT）和局域网个人管理协议（LMMP）等。网络关键设备在选用管理协议时，需要注意协议是否能够提供相应的安全功能，要选择能够提供保证通信数据的保密性、完整性的高版本协议。例如 SNMP 协议具体分为 SNMPv1、

SNMPv2、SNMPv3 等版本，但只有 SNMPv3 支持对管理数据的保密性和完整性要求。

本标准条款在制定的过程中参考了路由器、交换机和 PLC 的相关标准。

GB/T 18018-2019《信息安全技术 路由器安全技术要求》在数据传输、管理协议、优先级方面对于通信信道的安全提出了要求。在数据传输方面，要求管理员应能选择安全协议（如 SSL、IPSec 等）对传输的数据进行保护。管理协议方面，路由器应能配置和使用安全的协议对系统进行管理控制，例如使用 SSH、SFTP、SNMPv3 和 HTTPS 等。在优先级方面，路由器应能够按照业务的重要性对设备本身需进行解析处理的协议流量进行优先调度，对高优先的协议流量进行优先保证，当发生业务量激增或网络攻击时使重要业务不中断。

GB/T 21050-2019《信息安全技术 网络交换机安全技术要求》在控制数据和管理数据方面提出了在对等网络交换机之间提供独立的可信信道，保证传输的控制数据和管理数据的完整性和保密性。

GB/T 33008.1-2016《工业自动化和控制系统网络安全 可编程序控制器（PLC）第 1 部分：系统要求》提出通信完整性的要求，要求 PLC 系统应保护通信信道上传输的信息的完整性，采用密码学机制识别信息在通信过程中的变更。

YD/T 1359-2005《路由器设备安全技术要求—高端路由器（基于 IPv4）》提出可信信道/路径的要求，高端路由器之间以及高端路由器同其他设备通信的信道（路径）要求可信，对于传送敏感数据的通信要同传送其他数据的通信隔离开来。

管理系统与网络关键设备之间的信道分为带内信道和带外信道两种，但无论采用哪种方式，安全性的要求是相同的。

带内信道指的是管理用的信道与业务流使用的是同一个物理通道，但逻辑上是分开的；带外信道指的是管理用的信道与业务流使用的是不同的物理通道，管理用的信道使用专用的物理接口，而业务流使用另外的物理接口，两者完全独立，互不影响。采用带内信道进行管理的风险来自两个方面：一是带内信道的优先级保证，要确保带内信道传送信息的优先级高于业务流信息；二是网络接口出现故障时业务数据传输和管理都无法正常进行。

三、示例说明

1. 路由器、交换机管理信道安全要求

（1）设备支持 SSHv2、SNMPv3，并支持关闭 SSH、TELNET、SNMP。

```
Router(config)#sho snmp
0        SNMP packets input
0        Bad SNMP version errors
0        Unknown community name
0        illegal operation for community name supplied
0        Number of requested variables
0        Number of altered variables
0        Get-request PDUS
0        Get-next PDUS
0        Set-request PDUS SNMP packets output
0        Too big errors (Maximum packet size 8192)
0        No such name errors
0        Bad values errors
0        General errors
0        Response PDUS
0        Trap PDUS SNMP
0        Input ASN parse errors packets
0        Proxy drops packets
0        Unknown security model packets
0        Unknown PDU handler packets
0        Unsupported security level packets
0        Not in time-window packets
0        Unknown user name packets
0        Unknown engine ID packets
0        Wrong digest packets
0        Decryption error packets
0        SNMP version v1: enable
SNMP version v2c: enable
SNMP version v3: enable
SNMP agent listen port: 161
```

```
Router(config)#show ssh
SSH enable-flag configuration    : enable
SSH version                      : 2
SSH Listen port                  : 22
SSH DSCP value                   :
SSH IPV4 ACL name                :
SSH IPV6 ACL name                :
SSH rekey interval               : 1(hours)
```

关闭 SSHv2、SNMPv3

```
Router(config)#no ftp-server enable
Router(config)#no snmp-server version v3
Router(config)#ssh server disable
process will disable SSH Server. Are you sure? [yes/no]: yes
Router(config)#line telnet server disable
process will disable telnet server, Are you sure? [yes/no]: yes
```

（2）交换机管理信道安全要求。系统的管理平面和近端维护、网管维护终端间，初始安装必须默认支持使用安全管理通道，TFTP、FTP、TELNET、SSL2.0、SSL3.0、TLS1.0、TLS1.1、SNMP v1/v2 和 SSHv1.x 必须默认关闭。设备初始登录，查看 telnet 使用情况。

```
[switch-diagnose]display telnet server status
TELNET IPV4 server               : Disable
TELNET IPV6 server               : Disable
TELNET server port               : 23
TELNET server source interface   :
ACL4 number                      : 0
ACL6 number                      : 0
```

（3）启用的不安全管理通道必须生成对应告警或用户提示（升级场景下由于对接兼容问题，可以保留升级前版本配置）；在产品资料中增加如何打开 / 关闭不安全协议的操作指导。开启 telnet 服务，进行风险提示。

```
[Switch] telnet server enable
Warning: Telnet is not a secure protocol, and It is recommended to use Stelnet
Warning: After configuring the source interface or source address, the listening socket will be created.
```

2. PLC 设备管理信道安全要求

PLC 产品组态软件通过与 PLC 控制器建立安全套接字协议（Secure Sockets Layer，SSL）连接保证通信信道的安全及数据的保密性和完整性，同时在通信报文中添加报文的完整性校验，对报文进行二次的完整性校验。在报文传输前，SSL 也进行了 AES 加密，加强数据的保密性，防止数据被篡改，如图 10-1 所示。

图10-1　PLC设备安全通信

第 2 节　协议健壮性

标准条款 5.8b

b）应满足通信协议健壮性要求，防范异常报文攻击。

注：网络关键设备使用的常见的通信协议包括 IPv4/IPv6、TCP、UDP 等基础通信协议，SNMP、SSH、HTTP 等网络管理协议，路由协议、工业控制协议等专用通信协议，以及其他网络应用场景中的专用通信协议。

▶ 条 款 解 读

一、目的和意图

本条款提出网络关键设备使用的通信协议的健壮性要求，防范异常报文的攻击。

二、条款释义

本条款主要规范网络关键设备协议健壮性的安全要求。要点有两处：一是通信协议方面，在网络关键设备中，协议分为用于设备内部交互和外部交互两种，在本标准条款中，关注的是外部交互的协议；二是协议健壮性，要达到能够防范异常报文攻击的要求。需要注意的是，首先这种抵抗异常报文攻击的能力应该是协议自身具备的，而不是依赖外部的设备（功能）来实现；其次，在受到异常报文攻击的情况下，设备的处理性能不会大幅下降，不能出现设备死机或重启的情况。

在标准的【3.5】中给出了健壮性的定义。对于网络关键设备而言，具备联网功能，在对外进行数据交互的过程中，不可避免会收到异常或者畸形的数据报文，因此对于网络关键设备中用到的各类通信协议，均要求具备一定的健壮性，可以抵抗一定速率的异常报文的攻击。

网络关键设备通信协议包括基础协议、应用协议以及与设备类型相关的专用协议。其中基础类协议包括 IPv4/IPv6、TCP、UDP、SCTP、ICMP、IGMP、ARP、CDP、PPP、L2TP 等网络层和传输层协议；应用协议包括 SNMP、SSH、HTTP、TELNET 等网络管理协议和 TFTP、FTP、SSL、NTP 等会话层和应用层协议；专用协议则与各类网络关键设备的具体用途相关。对于路由交换类设备，RIP、OSPF、ISIS、BGP、RSVP、PIM-DM、PIM-SIM、DVMRP 等路由协议为专用协议；对于服务器类设备，智能平台管理接口（Intelligent Platform Management Interface，IPMI）为专用协议；对于可编程逻辑控制器 PLC 设备，专用协议包括：ProfiBus、ASI、BACnet、CANopen、CC-Link、ControlNet、DALI、DeviceNet、DMX、EIB、EnOcean、EtherCAT、EtherNet/IP、EtherNet TCP/IP、FIAS、Fipio、IEEE 1588、InterBus、IO-Link、LightBus、LON、Modbus、MP-Bus、Profibus、PROFINET、RS232、RS485、SERCOS III 等。

协议的健壮性来自规范的协议设计和良好的协议实现。在制定协议的过程中，对于各种可能的输入和处理越细致，即保持良好的编程习惯，对于输入的数据进行全面检查，对于不符合期望的数据进行分支处理，避免发生越界读写等，并捕获协议运行中的异常，以及对所有的异常处理越全面，则协议的健壮性越强。

本标准条款在制定的过程中参考了交换机和 PLC 的相关标准。

GB/T 21050-2019《信息安全技术 网络交换机安全技术要求》提出在网络交换机中应实现能与其他厂商的网络交换机互操作的标准协议，并在网络交换机中实现可靠交付和错误检测的协议，对于协议的未用区域，应保证被恰当设定。

GB/T 33008.1-2016《工业自动化和控制系统网络安全 可编程序控制器（PLC）第 1 部分：系统要求》PLC 系统应验证任何影响关键输出的输入，这些输入有可能来自上位机或其他控制器。在遭受攻击无法保持正常运行时能够将输出设为预先定义的状态。

三、示例说明

1. 路由器、交换机

（1）提供畸形报文防范功能，避免设备被畸形报文攻击的情况下瘫痪，保证正常的网络服务。

```
<Switch>system-view
[Switch]#anti-attack abnormal enable
```

（2）提供分片报文防范功能，避免设备被分片报文攻击的情况下瘫痪，保证正常的网络服务。

```
<Switch>system-view
[Switch]#anti-attack fragment enable
```

（3）提供泛洪攻击防范，包括 TCP SYN、UDP 和 ICMP 报文泛洪攻击，保证正常的网络服务。

```
<Switch>system-view
[Switch]#anti-attack tcp-syn enable
[Switch]#anti-attack udp-flood enable
[Switch]#anti-attack icmp-flood enable
```

2. PLC 设备协议健壮性要求

PLC 协议分为两部分，一部分为组态软件和控制器之间的私有通信协议，主要提供 PLC 运行维护功能，另一部分为开放的工业总线协议，主要提供 PLC 运行数据（寄存器）交换功能。私有通信协议，采用安全套接字协议。开放的工业总线协议，则是按照协议规范进行数据校验，以保证数据的准确性。

第 3 节　时间同步

标准条款　5.8c

c）应支持时间同步功能。

▶ 条 款 解 读

一、目的和意图

本条款提出网络关键设备在时间同步功能方面的要求。

二、条款释义

本条款主要规范网络关键设备时间同步的安全要求。要点在于支持时间同步的功能，在实际的运行中，网络关键设备应该与网络中的某个时间服务器设备保持时间上的同步，而该服务器再同步到世界标准时间上。也就是说，时间同步的功能不但应该保证某个网络中所有时间同步到一个时间，而且要求这个时间是标准的时间。需要注意的是，网络关键设备中还会用到时钟同步的概念，指的是设备各部件的时钟的频率、相位保持一致，以便按照相同的节奏进行操作。本标准条款不涉及时钟同步的要求。

在网络设备的日志记录信息中，有一个重要的要素就是事件发生的时间。只有事件发生的时间记录准确，才能在事件的溯源中将不同设备在某个时刻所发生的事件进行比较，分析事件发生的逻辑。在网络攻击中，对于设备时间的调整也是常用的攻击手法，通过调整设备的时间，可以扰乱整个事件的发生过程。此外，设备自带的时钟芯片受到技术水平的限制，会存在一定的偏差和漂移，需要定期对于设备的时间进行调整，将其同步到标准的时间。因此，在本标准中要求设备应支持时间同步的功能。

本标准条款在制定的过程中参考了服务器和 PLC 的相关标准。

GB/T 25063-2010《信息技术安全 服务器安全测评要求》对第四级服务器提出可信时间戳功能要求，要求服务器提供时间同步功能。

GB/T 21028-2007《信息安全技术 服务器安全技术要求》提出服务器应为其运行提供可靠的时钟和时钟同步系统，提供可信时间戳服务。

GB/T 33008.1-2016《工业自动化和控制系统网络安全 可编程序控制器（PLC）第 1 部分：系统要求》提出 PLC 系统应具备同步内部系统时钟的能力，提供时间戳用于生成审计记录，时间源的完整性应被保护，其变更应触发审计事件。

说到时间的同步，必然会涉及时间同步的精度。这与网络设备的类型和应用的场景有关。对于路由器、交换机和服务器类设备，达到 100ms 的精度应该就能满足后续日志审计的要求，但对于工业控制用的 PLC 设备，时间同步的精度应该要求更高。

时间同步的方式主要有 3 种。

（1）无线电波。即利用无线电波来传递标准时间，然后由授时型接收机恢复时间并与本地时间比对，扣除它在传播路径上的时延及各种误差因素的影响，实现时钟的同步。使用短波的方式进行时钟同步，授时精度可以达到毫秒（ms）级。使用超长波授时，其授时精度约 10 微秒（μs）。使用长波授时，其授时精度可达到微秒（μs）级。

（2）卫星。卫星授时是将卫星上携带的星载原子钟（溯源至世界协调时）通过超短波的信号向地面传送，授时的精度在 10 纳秒（ns）量级。目前我国的北斗、美国的 GPS、俄罗斯的 GLONASS 和欧洲的 Galileo 系统均能提供高精度的时间同步。

（3）网络授时。网络授时是利用网络时间协议（Network Time Protocol，NTP），通过在网络上指定若干时钟源网站，为用户提供授时服务。NTP 授时的精确度可以达到 100ms 级别。NTP 协议通过自动测量网络延时，并对测量得到的数据进行时间补偿，从而使网络内的设备时间保持统一、精准。

在网络关键设备中，考虑到设备的应用场合和部署位置，且设备具备联网的功能，通常采用网络授时的方式进行时间同步，网络时间同步用的服务再利用卫星授时的方式获得更加精准的时间。当然，对于高时间精度要求的网络关键设备，可以采用卫星直接授时的方式。

三、示例说明

1. 路由器、交换机

（1）支持使用 NTP 等实现时间同步功能，并具备安全功能或措施以防范针对时间同步功能的攻击，如提供 NTP 认证等功能，消息摘要算法支持 SHA2 及以上。

```
<Switch> system-view
[Switch] ntp-service authentication enable
[Switch] ntp-service authentication-keyid 37 authentication-mode hmac-mha256 cipher Betterkey
[Switch] ntp-service reliable authentication-keyid 37
```

（2）NTP 支持报文端口可配置，从而提高网络报文的安全性。

```
<Switch> system-view
[Switch] ntp-service port 5000
```

（3）NTP 源端口可配置。

```
<Switch> system-view
[Switch] ntp-service source-interface vlanif 100
```

2. PLC 设备时间同步

PLC 设备通过 NTP（网络时间协议）来实现时间同步功能。

PLC 控制器需要设置 NTP 服务器的地址及校时周期，PLC 控制器在收到设置后根据校时周期定期访问 NTP 服务器进行时间同步，如图 10-2 和图 10-3 所示。

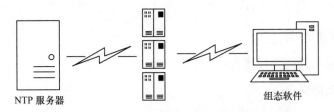

NTP 服务器　　　　　　　　　　　组态软件

图10-2　PLC设备NTP校时示意

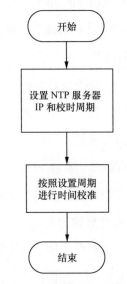

图10-3　PLC设备NTP校时流程

第4节　私有协议

d）应不存在未声明的私有协议。

▶ 条 款 解 读

一、目的和意图

本条款提出网络关键设备在私有协议方面的要求。

二、条款释义

本条款主要规范网络关键设备的私有协议。要点在于私有协议要在说明书中有公开的声明，声明的内容至少应包括协议的功能、协议的报文格式、协议交互的流程、所使用的端口、私有协议的启用和关闭的方法等，以便用户监控协议的运行情况。

网络的特点在于开放、标准化和互联互通，私有协议与这些特点都有所抵触，从本质上来说，在网络中私有协议是不受欢迎的，因此不提倡网络关键设备采用私有协议。但在网络技术的发展过程中，通常是技术先行，标准滞后，在一定的时间范围内，私有协议有存在的合理性。因此，考虑到网络设备的技术现状，在本标准条款中，并没有禁止私有协议的存在，而是提出私有协议必须公开声明。

本条款首次提出了私有协议必须进行声明的要求。

在标准的【3.6】中给出了私有协议的定义。

由于私有协议具有封闭性、垄断性、排他性等特点。如果网上大量存在私有（非标准）协议，现行网络或用户一旦使用了它，后进入的厂家设备就必须跟着使用这种非标准协议，才能够互联互通，否则后进入的设备根本不可能进入现行网络，这样使用非标准协议的厂家就有了垄断市场的可能。因此，从根本上来说，网络上的私有协议是越少越好，最好是没有私有协议。

总的来看，私有协议对行业的发展有着一定的阻碍作用，主要体现在以下3个方面。

（1）私有协议给其客户带来危害。独家垄断造成对单一厂商的依赖，其客户难以营造多厂商采购的环境，只能不断地跟随原有厂商设备和方案升级，客户被设备提供商锁定，导致不断强化对单一厂商的依赖。特别是在互联网领域，随着网络规模的扩大，私有协议的影响力级数增长。

（2）私有协议对行业健康发展的危害。一是持有私有协议的企业反对合理竞争，造成产业发展环境劣化。二是私有协议会导致不公平的竞争环境。用户网络的建设必须要和原有网络互通，这就要求新进入的厂商必须和原有网络设备有很好的互通。三是阻碍了技术的进步，技术的进步是需要一个自由、开放的环境，在不断的碰撞中发展，而垄断的环境必将造成技术发展的停滞。

（3）私有协议对国家安全的危害。随着网络技术不断深入到金融、政府、银行、财税、电力、保险、军队、公安、公众信息社会生活的各个领域，大量的经济和社会活动都基于网络技术，但由于私有协议细节不公开，是否存在隐蔽的指令、命令都无法深入了解和掌握，容易发生设备中存在"后门"的情况，对社会带来巨大的安全隐患。此外，在标准方面，私有协议阻碍了互联互通、妨碍了公平竞争，与我国标准制定的基本准则是相违背的。制订国际和国家标准的目的就是为了规范市场，创造公平竞争的环境，但私有协议的大量使用，使网络互联互通成为空话，使标准失去了约束力和严肃性，标准也就失去了存在的意义。

三、示例说明

PLC 设备私有协议要求

PLC 设备的私有协议全部在用户手册中声明。

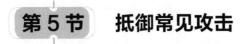

第 5 节　抵御常见攻击

标准条款　**5.8e**

e）应具备抵御常见重放类攻击的能力。

注：常见的重放类攻击包括各类网络管理协议的身份鉴别信息重放攻击、设备控制数据重放攻击等。

一、目的和意图

本条款提出网络关键设备在抵御常见重放类攻击的要求。

二、条款释义

本条款主要规范网络关键设备的抵御攻击能力的要求。要点有两处：一是重放类的攻击；二是常见类型。网络关键设备面临的攻击类型多种多样，在本条款中要求抵御的是重放类的攻击，而且是常见的类型，具体哪些为常见的重放攻击要在配套的具体网络关键设备标准中明确。

对于网络关键设备，在数据转发层面、控制层面和管理层面都可能遭受攻击。重放类攻击主要用于攻击用户身份鉴别的过程，欺骗网络关键设备对于用户的认证。重放攻击不需要了解、分析通信协议，就能实现信息的注入，干扰正常的流量控制机制，导致数据重传或误收，是攻击者常用的攻击方式之一。考虑到身份鉴别是保证网络关键设备的第一道安全屏障，本标准条款中对于设备抵御常见重放类攻击提出要求。

网络攻击分为主动攻击和被动攻击两大类。主动攻击包括对合法数据流的篡改、伪造数据流和拒绝服务攻击等。被动类的攻击包括流量分析和嗅探等。重放攻击是主动攻击的一种，其基本原理是把以前窃听到的数据修改之后或者原封不动地重新发送给接收方。对于在网络上加密传输的数据，攻击者虽然很难得到加密前的数据信息，但攻击者还是可能将嗅探到的加密鉴别信息重放，用来欺骗用户认证系统。

根据重放消息的接收方与消息的原定接收方的关系，重放攻击可分为3种类型。

（1）直接重放，即重放给原来的验证端，直接重放的发送方和接收方均不变。

（2）反向重放，将原本发给接收方的消息反向重放给发送方。

（3）第三方重放，将消息重放给域内的其他验证端。

网络关键设备为抵御重放攻击，可以采用下面的几种方法或方法的组合。

（1）加随机数。该方法的优点是认证双方不需要时间同步，双方只需要记住使用过的随机数，如发现报文中有以前使用过的随机数，就被认为是重放攻击。缺点是需要额外保存使用过的随机数，若记录的时间段较长，则保存和查询随机数的开销较大。

（2）加时间戳。该方法的优点是不用额外保存其他信息。缺点是认证双方需要准确的时间同步，同步精度越高，受攻击的可能性就越小。但当系统很庞大，跨越的区域较广时，要做到精确的时间同步并不是很容易。

（3）加流水号。就是双方在报文中添加一个逐步递增的整数，只要接收到不连续的流水号报文（太大或太小），就认定有重放攻击。该方法优点是不需要时间同步，保存的信息量比随机数方式小。缺点是一旦攻击者对报文解密成功，就可以获得流水号，从而每次将流水号递增以欺骗验证端。

（4）使用挑战一应答机制。

（5）使用一次性口令机制。

在实际中，常将方法（1）和方法（2）组合使用，这样就只需保存某个很短时间段内的所有随机数，而且时间戳的同步也不需要太精确。第（4）和第（5）两种方法在网络中也得到了广泛的应用。

本标准条款在制定的过程中参考了路由器、交换机和 PLC 的相关标准。

GB/T 18018-2019《信息安全技术 路由器安全技术要求》在设备自身的安全防护方面，提出路由器应能够对设备本身需进行解析处理的协议流量大小进行控制，例如，通过设置带宽等防护手段，保证系统在经受协议洪泛攻击时原有转发业务能正常运转，在洪泛攻击消除后可直接恢复系统；在资源耗尽防护方面，路由器应能够对重要系统资源进行保护，通过限定资源分配的方式将攻击影响限定到一定范围内；路由器应支持 MAC 地址学习限制功能，使系统其他接口用户不受影响。

GB/T 21050-2019《信息安全技术 网络交换机安全技术要求》在自身防护方面，提出网络交换机应做好自身防护，以对抗非授权用户对网络交换机安全功能的旁路、抑制或修改的尝试，防止未经授权的代理伪装成经过授权的代理，保护其自身免受重放攻击。

GB/T 33008.1-2016《工业自动化和控制系统网络安全 可编程序控制器（PLC）第 1 部分：系统要求》主要在会话的管理方面提出防攻击的要求。要求系统每个会话生成唯一的会话标识 ID，并且只认可系统生成的会话标识；用户登出或会话终止后，系统应提供使其会话标识失效的能力。

YD/T 1359-2005《路由器设备安全技术要求—高端路由器（基于 IPv4）》规定，对于已知的攻击，高端路由器应该能够处理，并且不影响路由器的正常的数据转发。当高端路由器检测到攻击发生，应该生成告警。同时要求高端路由器必须提供资源分配能力，包括抗大流量攻击能力、抗畸形包处理能力和流量控制能力。

三、示例说明

1. 路由器、交换机

设备提供 CPU 防攻击能力，针对上送 CPU 的报文进行限制和约束，使单位时间内上送 CPU 报文的数量限制在一定的范围之内，从而保证 CPU 对业务的正常处理。支持黑名单机制，对攻击报文使用 ACL 等机制做定义，以便系统识别，设备将会直接丢弃黑名单用户上送的报文。

> *操作步骤*
> *1.执行命令system-view，进入系统视图*
> *2.执行命令cpu- defend policy policy-name，进入防攻击策略视图*
> *3.创建黑名单*
> *执行命令blacklist blacklist-id acl acl-number1，创建IPv4黑名单*
> *执行命令blacklist blacklist-id acl ipv6 acl-numbere2，创建IPv6黑名单*
> *执行命令blacklist blacklist-id acl acl-number3 hard-drop，创建直接在转发芯片中丢弃匹配ACL规则报文的黑名单*

2. PLC 设备抵御常见攻击要求

（1）抵御 DDoS 攻击：PLC 设备通信端口采用总量限流和协议报文深度过滤处理，避免过多的异常报文影响 PLC 的实时控制性能。例如：对特定的网络攻击报文（如 ICMP、ARP、SYN 等特定数据报文）进行过滤，在协议层进行数据格式的解析，只处理符合 PLC 处理条件的报文数据。

（2）抵御伪造攻击：PLC 设备与上位机通信过程中，利用时间同步得到的时间戳及流水号来预防重复攻击。在每一帧的通信报文中都会加入时间同步得到的时间戳及流水号，如果时间戳与现在系统获得的同步时间差异超过安全阈值，则认为该数据包异常，不做处理。流水号是在通信中添加一个递增的数字，如果发现本次收到的数据包中的流水号与上次收到的有效数据流水号不存在连续性，则认为数据包无效。如图 10-4 所示。

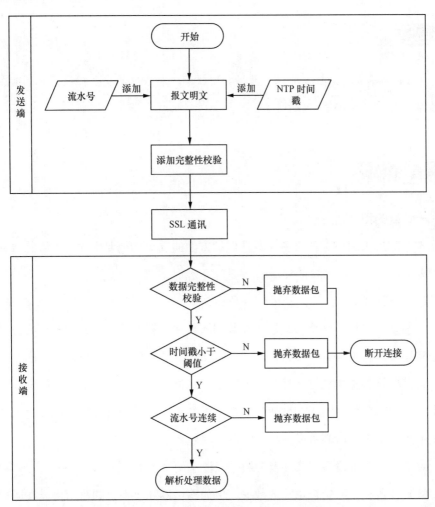

图10-4　PLC设备组态软件与控制器通信

第 11 章

数据安全

第 1 节　数据保护

标准条款 ▶ 5.9a

　　a）应具备防止数据泄露、数据非授权读取和修改的安全功能，对存储在设备中的敏感数据进行保护。

▶ **条 款 解 读**

一、目的和意图

　　本条款提出网络关键设备在数据保护方面的安全功能要求和对于敏感数据的保护要求。

二、条款释义

　　本条款主要规范网络关键设备在数据泄露和数据非授权访问的安全要求，目的是实现敏感数据的保护要求。要点有两处：一是要具备防止数据泄露的安全功能，二是要具备防止数据非授权访问的安全功能。本条款中的数据指的是存储在设备中的敏感数据，对于非敏感的数据不做要求，对于通过接口已经导出到其他系统中的敏感数据，其数据保护的责任由其他系统承担。

　　对于网络关键设备，其涉及的数据来源于两个方面：

　　（1）设备收集和用户填写的数据，例如路由器和交换机的路由协议在运行中收集到的网络拓扑、接口地址，以及用户创建的用户名、口令、联系方式和联系地址等。

（2）设备在运行过程中产生的数据，例如网络关键设备在运行中产生的路由表、MAC 地址表。对于网络关键设备的运营者而言，这是非常重要的数据。如果这些数据被泄露或者被攻击者读取，甚至进行了修改，会对网络关键设备的安全运行带来重大的风险。为此，本标准条款提出了在数据方面的安全要求。

在标准的【3.4】中给出了关于敏感数据的说明。

本标准条款在制定的过程中参考了路由器、交换机、服务器和 PLC 的相关标准。

GB/T 18018-2019《信息安全技术 路由器安全技术要求》在数据保护和保存方面提出了安全要求。包括：（1）路由器应具有数据完整性保护功能，对系统中的数据采取有效措施，防止其遭受非授权人员的修改、破坏和删除；（2）只有管理员才能管理（包括但不限于创建、初始化、查看、添加、修改、删除等操作）设备的配置、身份和审计数据；（3）对于敏感数据，例如用户口令、私钥、对称密钥、预共享密钥等，应以密文的形式显示或存储。

GB/T 20011-2005《信息安全技术 路由器安全评估准则》系统审计保护级中关于用户数据保护提出路由器运行过程中，应提供对特定类数据包的鉴别功能，以确认数据包的有效性；对于路由器转发的数据包，应监视数据包中用户数据的完整性，防止用户数据在路由器存储转发期间被破坏。

GB/T 21050-2019《信息安全技术 网络交换机安全技术要求》提出：（1）网络交换机应安全存储审计数据，并具有对存储的审计事件进行保护的能力；（2）网络交换机应保证统计数据、配置和连接信息在实时和存储的状态下不会泄露；（3）网络交换机应保证审计文件、配置信息、连接信息和属于网络交换机的其他信息的完整性；（4）应有获取和保存网络交换机的配置和连接信息的能力，应保证存储的完整性；（5）网络交换机应保护已授权组织内部地址的保密性和完整性。网络交换机收到数据后，应能正确地解析出经过授权的源地址和目的地址。

GB/T 25063-2010《信息技术安全 服务器安全测评要求》对第四级服务器提出：（1）在传输鉴别信息和用户数据时实现数据完整性；（2）在存储鉴别信息、敏感的用户数据和重要的用户数据时的完整性保护。

GB/T 33008.1-2016《工业自动化和控制系统网络安全 可编程序控制器（PLC）第1部分：系统要求》提出：（1）PLC系统应保护认证鉴别信息存储和传输时不被未经授权的泄露和更改；（2）PLC系统应对有读授权的信息在静态和传输中进行保密性保护。

YD/T 1629-2007《具有路由功能的以太网交换机设备安全技术要求》、YD/T 1359-2005《路由器设备安全技术要求—高端路由器（基于IPv4)》、YD/T 1906-2009《IPv6网络设备安全技术要求—核心路由器》对数据转发平面、控制平面和管理平面的用户数据保护均提出了安全要求，要求系统对于用户的安全数据提供妥善的保护方法，实现对用户数据完整性、可用性和保密性的保护，防止数据被恶意用户篡改。

对于敏感数据的保护，可以采用加密、屏蔽、修订等方式。加密是保护敏感数据的最强大、最常用的方法，通常用于数据的安全交换，保护静态的结构化和非结构化数据。屏蔽分为静态和动态两种方式，静态的方式指的是将敏感信息替换为与原始数据格式相同的随机字符，这是将数据用于测试环境中的一种常见做法；动态屏蔽指的是基于权限来控制对敏感数据的访问，它允许授权用户和应用程序访问未进行屏蔽的数据，没有权限的用户则只能访问屏蔽的数据。修订指的是将敏感数据删除或使用星号或其他占位符替换敏感数据。在网络关键设备中，主要采用的方式还是对数据进行加密的方式和访问控制的手段来实现对于敏感数据的保护。

三、示例说明

1. 路由器、交换机

（1）查看配置中的用户口令，均加密显示。

```
<system-user>
  authorization-template 1
  bind aaa-authorization-template 2001
local-privilege-level 15
$
authorization-template 2
bind aaa-authorization-template 2001
    local-privilege-level 2
$
    user-name user1
bind authentication-template 1
bind authorization-template 1
password encrypted
*21*1d9FBNztjJfcpwprzdqacRKmtnEspry7nBqicyjFzgulviwfn/y4rxpJAf/hAXKo9kscq23exEMi2wt
Bjkgw5ot 4U/88YEWQ3UN0I2MWKSE/uibfns7eiuvd+ 4B
user-name user2
bind authentication-template 1
bind authorization-template 2
password encrypted
*21*dgFNztiJfcpwlynFdch5xIecyHnFQd+NyXmHspvgxtpTcBAoeHp+eUlpTiYdpdpYorhgu3EZB
X9aQvsArgvgTuy Eibfc6pxevizfdfckxssxofnkohfgufbpkm
```

（2）查看 snmp 配置，团体名均加密显示。

```
!<snmp>
snmp-server access-list ipv4 snmp_acl
snmp-server community encrypted *21*CdgFENzetjfcw6LILRepJuXquUiVF6ILRdEMv4qrMa64
IRkonhHzn29+mLwDgsD2zvMADCED3rdo HCKZ2LAL0A== view AllView ro
```

2. PLC 设备数据保护要求

PLC 设备组态软件编译生成工程文件时，保存在硬盘中的内容是经过 AES 加密的文件。下装时传输加密的工程文件给控制器，控制器需要经过 AES 解密，才能解析工程文件。组态软件与控制器之间的密钥，要在产品设计时约定，如图 11-1 所示。

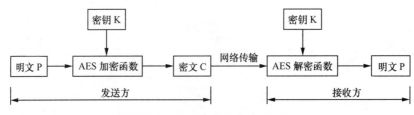

图11-1　PLC设备工程文件加密

标准条款　5.9b

b）应具备对用户产生且存储在设备中的数据进行授权删除的功能，支持在删除前对该操作进行确认。

注：用户产生且存储在设备中的数据通常包括日志、配置文件等。

▶ 条 款 解 读

一、目的和意图

本条款提出网络关键设备在数据删除方面的功能要求，保证用户对数据进行删除的权利。

二、条款释义

本条款主要规范网络关键设备在数据删除方面的要求，目的是保证用户对于数据进行删除的权利。要点有 3 处：一是网络关键设备要具备对数据进行删除的功能；二是在删除的过程中要支持再次确认的功能；三是数据删除的功能只适用于存储在设备中的数据，例如存储在 Flash、硬盘中的数据。本条款中的数据指的是设备在运行过程中产生的与用户相关的数据。用户产生且存储在设备中的数据通常包括日志、配置文件等。

通过管理信道或日志输出通道导出之后的数据不在本标准要求范围内，设备出厂时就配置好的数据，以及支持设备正常运行的数据不在本条款的规制范围内。

对于网络关键设备的运营者而言，设备在运行过程中产生的数据是非常重要的，如果这些数据被泄露或者被攻击者读取，甚至进行了修改，会对网络关键设备的安全运行带来重大的风险。此外，考虑到网络关键设备在运行的过程中，可能会被转移给其他的用户，或者在生命周期的最后阶段被回收，这些阶段都存在数据泄露的风险。因此，在本标准条款中提出了网络关键设备应该具备数据删除的功能要求。数据被删除之后再想恢复的难度很高，为避免用户的误操作，本标准条款还专门要求网络关键设备在提供删除功能的时候，必须有再次确认的过程。

对于个人数据进行删除是用户的一项基本权利。根据 GDPR 的规定，数据主体对数据拥有 8 项权利。

（1）知情权（Right to be Informed）。数据主体有权知道收集者的信息、收集的数据种类、数据的存储期限和标准、数据的保护措施、数据转移的情况等。

（2）访问权（Right of access）。用户有权获得数据的副本、数据的处理情况等。

（3）更正权（Right to rectification）。数据主体有权更正错误的数据。

（4）删除权（或被遗忘权，Right to erasure，or Right to be forgotten）。数据主体有权删除被收集的数据。

（5）限制处理权（Right to restriction of processing）。在某些场景下，有权要求数据控制者限制对数据的使用。

（6）可携带权（或迁移权，Right to data portability）。数据主体有权要求将数据转移到另外一个控制者。

（7）反对权（Right to object）。数据主体有权撤回之前自己同意的数据处理。

（8）不受制于自动化决策权（含画像）（Right not to be subject to automated decision-making，include profiling）。数据主体拥有不受制于自动化决策（如人工智能）的权利。

三、示例说明

PLC 设备数据删除要求

PLC 控制器的"清空控制器"功能，可将控制器中存储的工程文件清除。执行"清空控制器"命令，需要具备一定的操作权限。组态软件开启工程时，需要通过权限验证，不同的账户具备的权限不同，如图 11-2 所示。

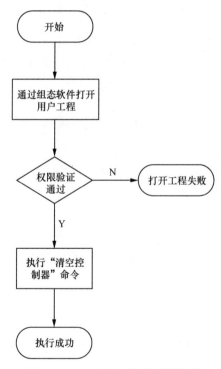

图11-2　PLC设备数据删除流程

密码要求

第 12 章

标准条款 **5.10**

本标准凡涉及密码算法的相关内容，按国家有关规定实施。

▶ **条 款 解 读**

一、目的和意图

当网络关键设备涉及密码算法相关的要求，引用国家的规定。

二、条款释义

在网络关键设备的协议、通信安全、数据保护等多个方面都会涉及密码算法，为保证网络关键设备满足国家对于密码算法的最新要求，本标准条款没有列出密码算法方面的具体要求，而是要求网络关键设备的生产者在设计、开发、生产设备的阶段，注意跟踪国家在密码算法方面的最新要求并实施。

国家密码管理局负责起草密码工作法规并负责密码法规的解释，组织拟订密码相关标准，管理密码科研、生产、装备（销售）、测评认证及使用。当前与密码相关的标准如表 12-1 所示。

表12-1　与密码相关的标准

序号	标准编号	标准名称
1	GB/T 38625-2020	信息安全技术 密码模块安全检测要求
2	GB/T 38629-2020	信息安全技术 签名验签服务器技术规范

序号	标准编号	标准名称
3	GB/T 38635.1-2020	信息安全技术 SM9 标识密码算法 第 1 部分：总则
4	GB/T 38635.2-2020	信息安全技术 SM9 标识密码算法 第 2 部分：算法
5	GB/T 38636-2020	信息安全技术 传输层密码协议（TLCP）
6	GB/T 38647.1-2020	信息技术 安全技术 匿名数字签名 第 1 部分：总则
7	GB/T 38647.2-2020	信息技术 安全技术 匿名数字签名 第 2 部分：采用群组公钥的机制
8	GM/T 0001-2012	祖冲之序列密码算法
9	GM/T 0002-2012	SM4 分组密码算法（原 SMS4 分组密码算法）
10	GM/T 0003-2012	SM2 椭圆曲线公钥密码算法
11	GM/T 0004-2012	SM3 密码杂凑算法
12	GM/T 0005-2012	随机性检测规范
13	GM/T 0006-2012	密码应用标识规范
14	GM/T 0008-2012	安全芯片密码检测准则
15	GM/T 0009-2012	SM2 密码算法使用规范
16	GM/T 0010-2012	SM2 密码算法加密签名消息语法规范
17	GM/T 0011-2012	可信计算可信密码支撑平台功能与接口规范
18	GM/T 0012-2012	可信计算可信密码模块接口规范
19	GM/T 0013-2012	可信计算可信密码模块符合性检测规范
20	GM/T 0014-2012	数字证书认证系统密码协议规范
21	GM/T 0015-2012	基于 SM2 密码算法的数字证书格式规范
22	GM/T 0016-2012	智能密码钥匙密码应用接口规范
23	GM/T 0017-2012	智能密码钥匙密码应用接口数据格式规范
24	GM/T 0018-2012	密码设备应用接口规范
25	GM/T 0019-2012	通用密码服务接口规范

续表

序号	标准编号	标准名称
26	GM/T 0020-2012	证书应用综合服务接口规范
27	GM/T 0021-2012	动态口令密码应用技术规范
28	GM/Z 0001-2013	密码术语
29	GM/T 0022-2014	IPSecVPN 技术规范
30	GM/T 0023-2014	IPSecVPN 网关产品规范
31	GM/T 0024-2014	SSLVPN 技术规范
32	GM/T 0025-2014	SSLVPN 网关产品规范
33	GM/T 0026-2014	安全认证网关产品规范
34	GM/T 0027-2014	智能密码钥匙技术规范
35	GM/T 0028-2014	密码模块安全技术要求
36	GM/T 0029-2014	签名验签服务器技术规范
37	GM/T 0030-2014	服务器密码机技术规范
38	GM/T 0031-2014	安全电子签章密码技术规范
39	GM/T 0032-2014	基于角色的授权管理与访问控制技术规范
40	GM/T 0033-2014	时间戳接口规范
41	GM/T 0034-2014	基于 SM2 密码算法的证书认证系统密码及其相关安全技术规范
42	GM/T 0035-2014	射频识别系统密码应用技术要求
43	GM/T 0036-2014	采用非接触卡的门禁系统密码应用技术指南
44	GM/T 0037-2014	证书认证系统检测规范
45	GM/T 0038-2014	证书认证密钥管理系统检测规范
46	GM/T 0039-2015	密码模块安全检测要求
47	GM/T 0040-2015	射频识别标签模块密码检测准则
48	GM/T 0041-2015	智能 IC 卡密码检测规范

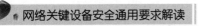

续表

序号	标准编号	标准名称
49	GM/T 0042-2015	三元对等密码安全协议测试规范
50	GM/T 0043-2015	数字证书互操作检测规范
51	GM/T 0044-2016	SM9 标识密码算法
52	GM/T 0045-2016	金融数据密码机技术规范

在路由器、交换机和 PLC 等国家标准中，如果标准所规范的产品涉及密码技术，通常采用引用的做法，以保证密码技术的使用符合国家的最新要求。例如：

GB/T 21050-2019《信息安全技术 网络交换机安全技术要求》规定其使用的密码算法应符合国家、行业或组织要求的密码管理相关标准或规范。

GB/T 33008.1-2016《工业自动化和控制系统网络安全 可编程序控制器（PLC）第 1 部分：系统要求》规定如果层间通信需要密码，控制器应采用符合国家和行业的相关法律、法规要求的密码算法、密钥长度以及密钥创建和管理机制。

第13章　设计和开发

第1节　风险识别

标准条款　6.1a

a）应在设备设计和开发环节识别安全风险，制定安全策略。

注：设备设计和开发环节的常见安全风险包括开发环境的安全风险、第三方组件引入的安全风险、开发人员导致的安全风险等。

▶ 条款解读

一、目的和意图

本条款提出网络关键设备提供者在设计和开发环节识别安全风险的要求。网络关键设备提供者应对设备设计和开发环节的安全风险进行识别，并制定相应的安全策略。

二、条款释义

本条款要求的对象是网络关键设备提供者，范围限定于网络关键设备的设计和开发环节，而不是全生命周期。

理解本条款的一个关键点是如何识别安全风险，在条款的注中给出了进一步解释：设备设计和开发环节的常见安全风险包括开发环境的安全风险、第三方组件引入的安全风险、开发人员导致的安全风险等。

设备设计和开发环节的安全风险可能涉及物理环境、硬件设备、软件工具及开发环境、网络系统、开发人员、测试人员等。网络关键设备提供者应对设计和开发环节可能会影响设备安全的风险进行一一识别。

针对已经识别的安全风险，网络关键设备提供者应制定针对性的安全策略，以达到有效控制、缓解安全风险的目的。

三、示例说明

1. 交换机风险识别要求

（1）产品发布前提供安全配置 / 加固指南，并随版本进行发布。

① 安全配置：针对产品业务安全应用，需要启用哪些安全选项，配置哪些内容（对于需要通过对产品使用时进行安全策略配置才能生效的安全功能，需要提供此部分内容）。

② 安全加固：主要包括操作系统、数据库或 WEB 服务器等加固内容，需要包含具体的加固内容和操作步骤，如图 13-1 所示。

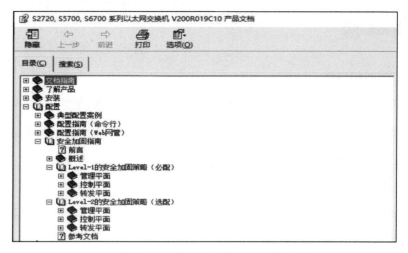

图13-1　交换机安全加固文档

（2）产品在设计和开发阶段必须对通信矩阵进行合理的设计和开发，发布资料中必须提供产品通信矩阵。

注：通信矩阵是描述机器 / 网元 / 模块间的通信关系，包括通信使用的端口、

协议、IP 地址、认证方式、端口用途信息等。

（3）产品在设计和开发阶段，必须对开源和第三方组件进行管理，使用开源和第三方组件满足生命周期要求（产品周期内提供维护服务等），如图 13-2 所示。

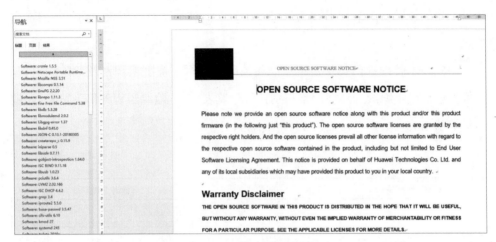

图13-2　交换机开源组件声明

（4）产品使用通用开源和三方组件存在已知漏洞，必须进行风险消除和漏洞修复，并且通过产品资料进行发布，如图 13-3 所示。

软件名称	软件版本	CVE 编号	CVSS	漏洞描述	解决版本
RealTek SDK	2.1.3.46351	CVE-2014-8361	10.0	The miniigd SOAP service in Realtek SDK allows remote attackers to execute arbitrary code via a crafted NewInternalClient request.	V200R020C00
Wind River Linux	6.0	CVE-2019-11479	7.5	Jonathan Looney discovered that the Linux kernel default MSS is hard-coded to 48 bytes. This allows a remote peer to fragment TCP resend queues significantly more than if a larger MSS were enforced. A remote attacker could use this to cause a denial of service. This has been fixed in stable kernel releases 4.4.182, 4.9.182, 4.14.127, 4.19.52, 5.1.11, and is fixed in commits 967c05aee439e6e5d7d805e195b3a20ef5c433d6 and 5f3e2bf008c2221478101ee72f5cb4654b9fc363.	V200R020C00
Wind River Linux	6.0	CVE-2019-11478	7.5	Jonathan Looney discovered that the TCP retransmission queue implementation in tcp_fragment in the Linux kernel could be fragmented when handling certain TCP Selective Acknowledgment (SACK) sequences. A remote attacker could use this to cause a denial of service. This has been fixed in stable kernel releases 4.4.182, 4.9.182, 4.14.127, 4.19.52, 5.1.11, and is fixed in commit f070ef2ac66716357066b683fb0baf55f8191a2e.	V200R020C00
Wind River Linux	6.0	CVE-2019-11477	7.5	Jonathan Looney discovered that the TCP_SKB_CB(skb)->tcp_gso_segs value was subject to an integer overflow in the Linux kernel when handling TCP Selective Acknowledgments (SACKs). A remote attacker could use this to cause a denial of service. This has been fixed in stable kernel releases 4.4.182, 4.9.182, 4.14.127, 4.19.52, 5.1.11, and is fixed in commit 3b4929f65b0d8249f19a50245cd88ed1a2f78cff.	V200R020C00
Wind River Linux	6.0	CVE-2018-9422	7.8	In get_futex_key of futex.c, there is a use-after-free due to improper locking. This could lead to local escalation of privilege with no additional privileges needed. User interaction is not needed for exploitation. Product: Android Versions: Android kernel Android ID: A-74250718 References: Upstream kernel.	V200R020C00
Wind River Linux	6.0	CVE-2018-9251	5.3	The xz_decomp function in xzlib.c in libxml2 2.9.8, if --with-lzma is used, allows remote attackers to cause a denial of service (infinite loop) via a crafted XML file that triggers LZMA_MEMLIMIT_ERROR, as demonstrated by xmllint, a different vulnerability than CVE-2015-8035.	V200R020C00

图13-3　交换机开源和三方组件漏洞修复发布

2．PLC 设备风险识别要求

（1）技术管理部门每年按照各个研发项目的执行情况，建立并维护更新组织级的《风险源和类别列表》，作为数据的汇总，供项目组参考；同时项目组将项目积累的经验反馈给技术管理部门，作为组织级《风险源和类别列表》的输入信息。

（2）技术管理部门每年定期组织相关部门进行环境因素识别及危险源辨识，评价汇总形成组织级《环境因素识别评价一览表》《危险源辨识评价一览表》，供项目组及相关人员参考，如图 13-4 所示。

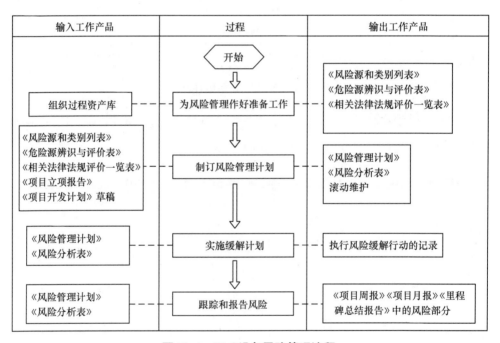

图13-4　PLC设备风险管理流程

第2节　操作规程

标准条款　 6.1b

b）应建立设备安全设计和开发操作规程，保障安全策略落实到设计和开发的整个过程。

▶ 条 款 解 读

一、目的和意图

本条款提出网络关键设备提供者在设计和开发环节建立操作规程以及落实安全策略的要求。网络关键设备提供者应建立设备安全设计和开发操作规程，保障安全策略在设备的设计和开发过程中得到落实。

二、条款释义

在产品设计环节，网络关键设备提供者应建立安全设计规程，确保从设计环节开始就全面考虑设备的安全功能，避免出现重大安全功能缺陷等问题。

在产品开发环节，网络关键设备提供者应建立安全开发操作规程，例如安全编码的原则、开发过程中使用开源软件的准则等，降低开发过程中引入的安全风险。

对于设计和开发环节的相关规程、安全策略，应确保设计相关岗位人员和开发相关岗位人员按照安全规程或安全策略实施，并留存完整的实施记录。

三、示例说明

PLC 设备操作规程要求

PLC 产品研发阶段，需要严格遵守公司的研发管理流程，由 QA 负责全程监控。主要流程如图 13-5 所示。

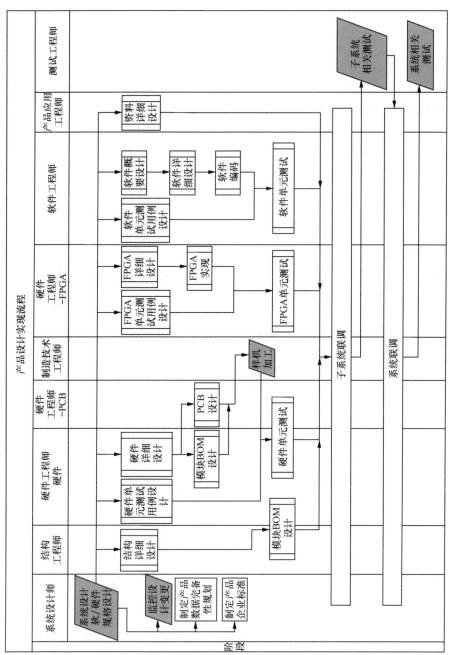

图13-5 PLC产品研发流程

第3节 配置管理

标准条款 6.1c

c）应建立配置管理程序及相应配置项清单，配置管理系统应能跟踪内容变更，并对变更进行授权和控制。

▶ 条 款 解 读

一、目的和意图

本条款提出网络关键设备提供者在设计和开发环节配置管理的要求。

二、条款释义

配置管理是通过技术或管理手段对设备开发过程和生命周期进行控制、规范的一系列措施。配置管理的目标是记录设备的演化过程，确保网络关键设备提供者在设备生命周期中各个阶段都能得到精确的设备配置信息。

网络关键设备提供者应建立设备的配置管理程序，明确相应的配置项清单。对于网络关键设备生命周期过程中产生的变更，配置管理系统应能够进行记录，留存变更的历史记录。配置管理系统应支持权限控制，不同的用户具有不同的配置管理权限，配置管理的变更应得到授权后才能操作和生效。

三、示例说明

PLC 设备配置管理要求

PLC 产品研发阶段，需要严格遵守公司的配置管理流程，由 QA 负责全程监控。主要流程如图 13-6 所示。

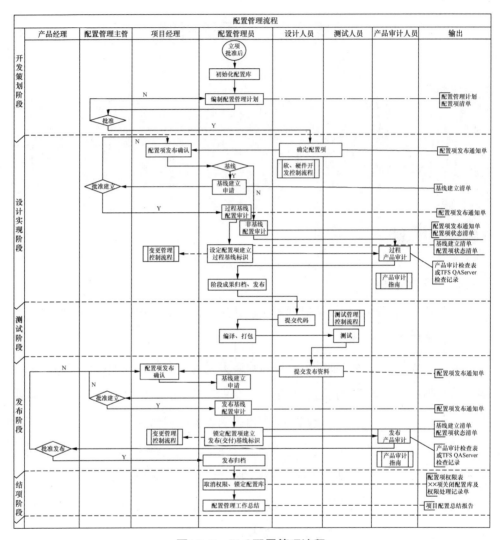

图13-6　PLC配置管理流程

第4节 恶意程序防范

标准条款 6.1d, e, f

d）应采取措施防范设备被植入恶意程序。

e）应采取措施防范设备被设置隐蔽的接口或功能模块。

f）应采取措施防范第三方关键部件、固件或软件可能引入的安全风险。

▶ **条 款 解 读**

一、目的和意图

本条款提出网络关键设备提供者在设计和开发环节防范恶意程序的要求。

二、条款释义

恶意程序是被专门设计用来攻击系统，损害或破坏系统的保密性、完整性或可用性的程序。常见的恶意程序包括病毒、蠕虫、木马、间谍软件等。路由器等网络关键设备也能够被植入恶意软件。2015年，某网络设备厂商的路由器被名为"SYNful Knock"的恶意程序感染，涉及至少19个国家。

网络关键设备提供者应采取措施防范设备被植入恶意程序，较为常见的措施是在开发的重要节点，利用恶意程序扫描工具对设备软件进行恶意程序扫描，开发过程中涉及的开发环境、测试工具、开源代码等均应有针对恶意程序的防范措施。

验证方式是：

（1）检查厂商提供防范设备被植入恶意程序的说明材料，确认是否验证防范措施的有效性，确认措施的实施记录；

（2）检查厂商提供防范设备被设置隐蔽的接口或功能模块的说明材料，确认是否验证防范措施的有效性，确认措施的实施记录；

（3）厂商提供防范第三方关键部件、固件或软件可能引入的安全风险的说明材料，确认是否验证防范措施的有效性，确认措施的实施记录。

三、示例说明

路由器、交换机

（1）产品设备禁止存在不可修改的口令硬编码，所有的口令必须提供可修改方式，设备管理使用的口令在首次登录之后必须得到修改。

```
Please Press ENTER.
An initial password is required for the first login via the console.
Set a password and keep it safe. Otherwise you will not be able to login via the console.
Please configure the login password (8-16)
Enter Password:
Confirm Password:
Warning: The authentication mode was changed to password authentication and the use level was
changed to 15 on con0 at the first user login.
Warning: There is a risk on the user-interface which you login through. Please change the
configuration of the user-interface as soon as possible.
Info: Smart-upgrade is currently disabled. Enable Smart-upgrade to get recommended version
information.
<Switch>
```

（2）产品发布的软件（包含软件包 / 补丁包）提供完整性校验机制，在安装、升级过程中对软件进行完整性验证，以防止软件被篡改引入安全风险。

大包数字签名校验（设置被篡改大包）。

```
<Switch>startup system-software s6730-h-v200r020c00spc200v4.cc
Info: Operating, please wait for a moment.
Error: Software package verification failed. Please upload again.
Error: Failed in setting the software for booting system.
```

补丁数字签名校验（设备被篡改补丁）。

```
<Switch>patch load patch_6730hi-packe3.pat all run
Info: The patch is being loaded. Please wait for a moment.
Error: Checking the digital signature of the patch file failed.
Info: Finished loading the patch.
```

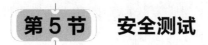

第5节　安全测试

标准条款 ▸ 6.1g

g）应采用漏洞扫描、病毒扫描、代码审计、健壮性测试、渗透测试和安全功能验证的方式对设备进行安全性测试。

▶ **条 款 解 读**

一、目的和意图

本条款提出网络关键设备提供者在设计和开发环节实施安全测试的要求。

二、条款释义

在设计和开发环节，网络关键设备提供者应对设备进行安全测试。安全测试方式至少包括漏洞扫描、病毒扫描、代码审计、健壮性测试、渗透测试和安全功能验证。

漏洞扫描是指网络关键设备提供者使用漏洞扫描工具对设备进行扫描，目的是确认设备是否存在已知漏洞。

病毒扫描是指网络关键设备提供者使用病毒扫描工具对设备进行扫描，目的是确认设备是否存在恶意代码。

代码审计是指网络关键设备提供者对设备的软件代码进行审计，目的是确认代码中是否存在安全问题或缺陷。

健壮性测试是指网络关键设备提供者对设备支持的主要协议进行健壮性测试，目的是确认在异常输入状态下，设备依然能够正常工作。

渗透测试是指网络关键设备提供者对设备进行攻击性测试，目的是利用漏洞来确认设备的安全防护是否能被突破。

安全功能验证是指网络关键设备提供者对设备的安全功能进行验证，目的是验证设备的安全功能是否齐备、是否符合标准要求、是否符合设备的安全设计要求。

上述安全测试应留存相应的测试记录或报告，记录和报告应清晰标识被测对象（型号、版本号等）、测试时间、测试结论等内容。验证方式是查看厂商提供的说明材料，确认是否包含漏洞扫描、病毒扫描、代码审计、健壮性测试、渗透测试和安全功能验证等内容。

三、示例说明

1．交换机安全测试要求

（1）漏洞扫描，如图 13-7 所示。

（2）病毒扫描，如图 13-8 所示。

图13-7　交换机漏洞扫描

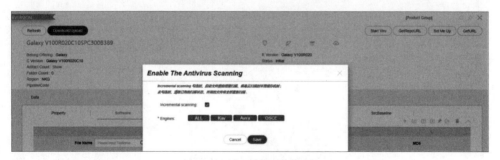

图13-8　交换机病毒扫描

（3）代码审计，如图 13-9 所示。

图13-9　交换机代码审计

（4）健壮性测试，如图 13-10 所示。

图13-10　交换机健壮性测试

（5）渗透测试，如图 13-11 所示。

（6）安全功能验证，如图 13-12 所示。

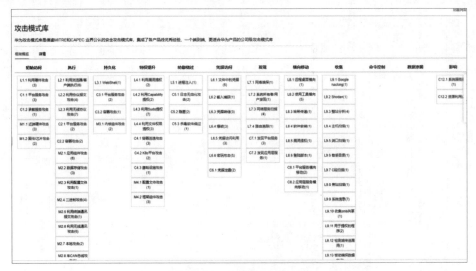

图13-11　交换机渗透测试

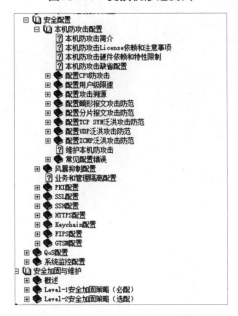

图13-12　交换机安全功能验证

2. PLC 设备安全测试要求

PLC 产品研发阶段，需要严格遵守公司的测试管理流程，由 QA 负责全程监控。主要流程如图 13-13 所示。

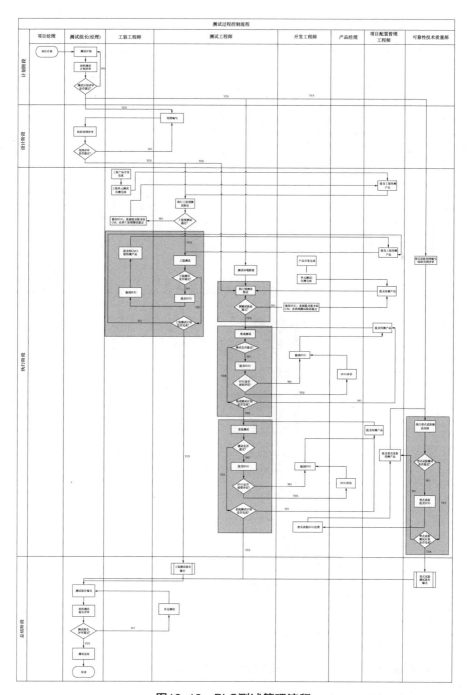

图13-13　PLC测试管理流程

第6节　安全缺陷、漏洞修复补救

标准条款　6.1h

h）应对已发现的安全缺陷、漏洞等安全问题进行修复，或提供补救措施。

▶ **条 款 解 读**

一、目的和意图

本条款提出网络关键设备提供者在设计和开发环节对安全缺陷、漏洞进行修复补救的要求。

二、条款释义

本条款依据《网络安全法》中的相关规定提出。《网络安全法》第二十二条规定，网络产品、服务的提供者不得设置恶意程序；发现其网络产品、服务存在安全缺陷、漏洞等风险时，应当立即采取补救措施。

工业和信息化部发布的《网络安全漏洞管理规定（征求意见稿）》第三条规定，网络产品、服务提供者和网络运营者发现或获知其网络产品、服务、系统存在漏洞后，应当遵守以下规定：

（一）立即对漏洞进行验证，对相关网络产品应当在90日内采取漏洞修补或防范措施，对相关网络服务或系统应当在10日内采取漏洞修补或防范措施；

（二）需要用户或相关技术合作方采取漏洞修补或防范措施的，应当在对相关网络产品、服务、系统采取漏洞修补或防范措施后5日内，将漏洞风险及用户或相关技术合作方需采取的修补或防范措施向社会发布或通过客服等方式告知所有可能受影响的用户和相关技术合作方，提供必要的技术支持，并向工业和信息化部网络安全威胁信息共享平台报送相关漏洞情况。

在设计和开发环节，网络关键设备提供者应对已发现的安全缺陷、漏洞等安全问题进行处置，处置方式可以是修复，也可以是其他补救的措施。

主要验证的方法是选取部分厂商已公布的漏洞，查看厂商提供的说明材料，确认是否包含漏洞的修复说明或补救措施的说明，如存在补救措施，确认是否对补救措施的有效性进行验证。

三、示例说明

交换机安全缺陷、漏洞修复补救

（1）漏洞修复补丁，如图13-14所示。

图13-14　交换机漏洞修复补丁

（2）漏洞补救措施，如图 13-15 所示。

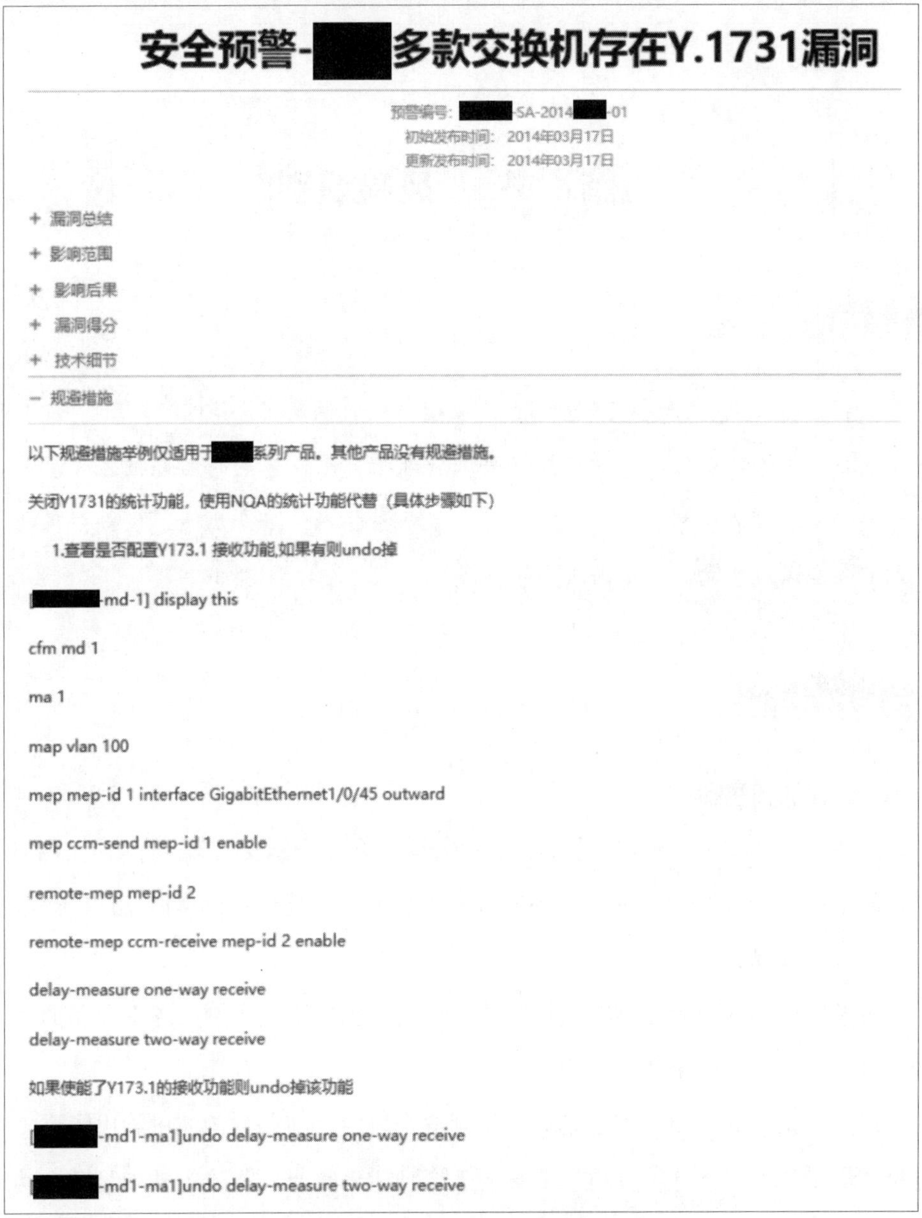

安全预警-████ 多款交换机存在Y.1731漏洞

预警编号：████-SA-2014████-01
初始发布时间：2014年03月17日
更新发布时间：2014年03月17日

+ 漏洞总结
+ 影响范围
+ 影响后果
+ 漏洞得分
+ 技术细节
— 规避措施

以下规避措施举例仅适用于████系列产品。其他产品没有规避措施。

关闭Y1731的统计功能，使用NQA的统计功能代替（具体步骤如下）

　　1.查看是否配置Y173.1 接收功能,如果有则undo掉

[████-md-1] display this

cfm md 1

ma 1

map vlan 100

mep mep-id 1 interface GigabitEthernet1/0/45 outward

mep ccm-send mep-id 1 enable

remote-mep mep-id 2

remote-mep ccm-receive mep-id 2 enable

delay-measure one-way receive

delay-measure two-way receive

如果使能了Y173.1的接收功能则undo掉该功能

[████-md1-ma1]undo delay-measure one-way receive

[████-md1-ma1]undo delay-measure two-way receive

图13-15　交换机漏洞补救措施

第14章　生产和交付

第1节　风险识别

标准条款　6.2a

a）应在设备生产和交付环节识别安全风险，制定安全策略。

注：生产和交付环节的常见安全风险包括自制或采购的组件被篡改、伪造等风险，生产环境存在的安全风险、设备被植入的安全风险、设备存在漏洞的安全风险、物流运输的风险等。

▶ 条 款 解 读

一、目的和意图

本条款提出网络关键设备提供者在生产和交付环节识别安全风险的要求。网络关键设备提供者应对设备生产和交付环节的安全风险进行识别，并制定相应的安全策略。

二、条款释义

本条款要求的对象是网络关键设备提供者，范围限定于网络关键设备的生产和交付环节，而不是全生命周期。

理解本条款的一个关键点是如何识别安全风险，在条款的注中给出了进一步解释：设备生产和交付环节的常见安全风险包括自制或采购的组件被篡改、伪造等风险，生产环境存在的安全风险、设备被植入的安全风险、设备存在漏洞的安全风险、物流运输的风险等。

网络关键设备提供者应对生产和交付环节可能会影响设备安全的风险进行一一识别。

针对已经识别的安全风险，网络关键设备提供者应制定针对性的安全策略，以达到有效控制、缓解安全风险的目的。

主要的验证方式是查看厂商提供的说明材料，确认是否识别出设备在生产和交付环节的主要安全风险，确认是否明确相应的安全策略。

三、示例说明

路由器、交换机风险识别要求，如图 14-1 所示。

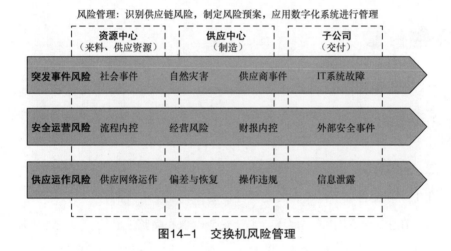

图14-1 交换机风险管理

第 2 节 完整性检测

标准条款 6.2b, c, d, e

b）应建立并实施规范的设备生产流程，在关键环节实施安全检查和完整性验证。

c）应建立和执行规范的设备完整性检测流程，采取措施防范自制或采购的组件被篡改、伪造等风险。

d）应对预装软件在安装前进行完整性校验。

e）应为用户提供验证所交付设备完整性的工具或方法，防范设备交付过程中完整性被破坏的风险。

注：验证所交付设备完整性的常见工具或方法包括防拆标签、数字签名 /证书等。

▶ 条 款 解 读

一、目的和意图

本条款提出网络关键设备提供者在生产和交付环节应实施的完整性检测要求。

二、条款释义

在生产和交付环节，设备的完整性检测体现在多个方面。

（1）在生产流程中的关键环节实施安全检查和完整性验证，一是确认是否识别关键环节，二是确认在这些环节是否实施了安全检查和完整性验证。

（2）对于完整性检测，设备提供者应建立规范的检测流程，并遵照流程要求执行完整性检测。在设备的完整性检测中，应验证常见的完整性破坏手段是否能被有效防范，确认完整性风险中考虑了对自制或采购的组件进行篡改或伪造等风险及相应的应对措施。

（3）在设备预装软件进行安全前，应对软件进行完整性校验。

（4）在交付环节，设备提供者应为用户提供验证所需的工具或方式，如防拆标签、数字签名 /证书等，以防范设备交付过程中完整性被破坏的风险。

三、示例说明

设备完整性检测要求

（1）硬件方面，通过防拆标签保证硬件的完整性，如图14-2所示。

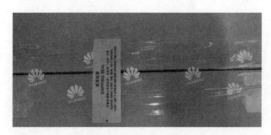

图14-2　防拆标签

（2）软件方面，通过官网获取公钥，对软件版本进行验签，如图14-3所示。

图5-9 PGP 简易验证工具验证结果

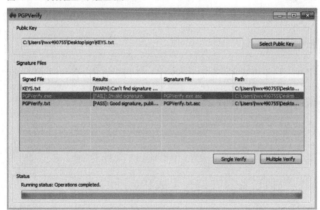

步骤4 结果确认。

- 当验证条目为黄色，此条目[Results]栏标记为[WARN]时，表明签名因特定原因无法进行验证。

- 当验证条目为红色，此条目[Results]栏标记为[FAIL]时，表明签名验证失败。

- 当验证条目为绿色，此条目[Results]栏标记为[PASS]时，表明签名使用指定公钥验证通过。

- 当验证条目为绿色，并且[Results]列中显示的Public key fingerprint 为 B1000AC3 8C41525A 19BDC087 99AD81DF 27A74824 时，则表明此签名文件为华为 OpenPGP 密钥长度为 2048 颁发的有效签名，否则此签名不可信。

- 当验证条目为绿色，并且[Results]列中显示的Public key fingerprint 为 E128 5E9D 7E7F 0DB0 A659　48AF FAAA 7A2E 6ADE 4A56 时，则表明此签名文件为华为 OpenPGP 密钥长度为 4096 颁发的有效签名，否则此签名不可信。

图14-3　软件版本验签

第3节　指导性文档

标准条款 6.2f

f）应为用户提供操作指南和安全配置指南等指导性文档，以说明设备的安装、生成和启动的过程，并对设备功能的现场调试运行提供详细的描述。

▶ 条 款 解 读

一、目的和意图

本条款提出网络关键设备提供者在交付环节应提供的指导性文档要求。

二、条款释义

本条款针对设备交付环节提出安全要求，具体要求包括：

（1）应提供指导性文档，文档至少包括操作指南、安全配置指南等；

（2）文档应包括设备的安装、生成和启动的过程；

（3）文档内容应包括对设备功能的现场调试运行提供详细的描述。

本条款主要通过文档检查的方式进行验证。

三、示例说明

1. 路由器、交换机指导性文档要求

（1）网站提供产品手册，详述产品的启动运行和各类功能的配置方法，包括参数和意义，如图14-4所示。

（2）分必配和选配两个级别，对产品的安全加固方法提供了具体指导，如图14-5所示。

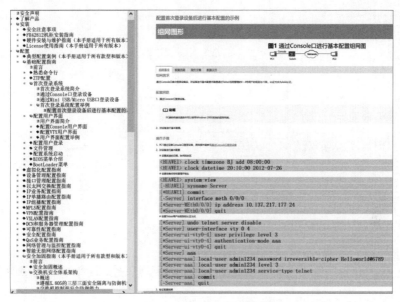

图14-4　交换机产品手册

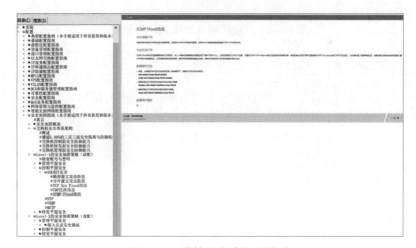

图14-5　交换机安全加固指南

（3）对产品可能出现的故障、维护方法和相关告警信息也做了详细说明，如图 14-6 所示。

2．PLC 设备指导性文档要求

PLC 产品的指导文档资料，发放给用户时需要满足如下流程，如图 14-7 所示。

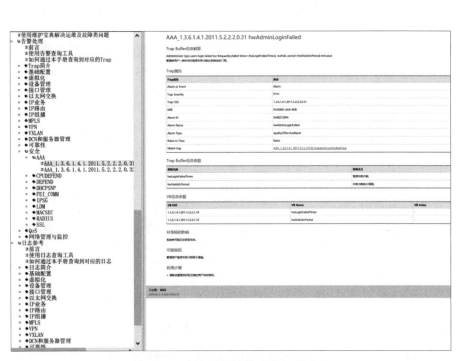

图14-6　交换机解决故障类问题说明

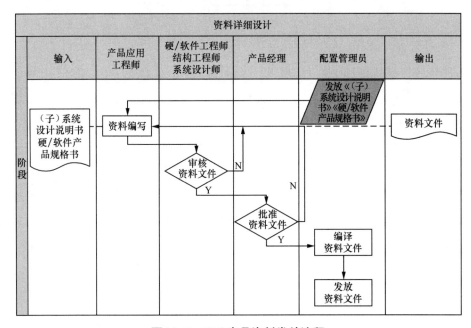

图14-7　PLC产品资料发放流程

资料文件包含以下 10 个：

- 《单页使用说明书》
- 《×× 系列可编程控制器指令手册》
- 《×× 系列可编程控制器软件手册》
- 《软件名称 _[系统版本号]_ 用户手册 1_ 软件安装》
- 《软件名称 _[系统版本号]_ 用户手册 2_ 快速入门》
- 《软件名称 _[系统版本号]_ 用户手册 3_ 工程组态》
- 《软件名称 _[系统版本号]_ 用户手册 4_ 现场操作》
- 《软件名称 _[系统版本号]_ 用户手册 5_ 功能块手册》
- 《硬件型号 _[硬件名称]_ 用户手册 6_ 硬件选型》
- 《硬件型号 _[硬件名称]_ 用户手册 7_ 硬件使用》

第 4 节　端口映射说明

标准条款　6.2g

g）应提供设备服务与默认端口的映射关系说明。

一、目的和意图

本条款提出网络关键设备提供者在交付环节应提供的端口映射说明要求。

二、条款释义

默认端口是指设备默认启用的网络服务对应的端口号，端口号取值范围是

$1 \sim 65535$。常见的网络服务与端口号映射关系如表 14-1 所示。

表14-1　常见的网络服务与端口号映射关系

序号	网络服务	端口号
1	FTP 文件传输	TCP 21
2	SSH 安全远程管理	TCP 22
3	TELNET 远程登录	TCP 23
4	SMTP 简单邮件传输协议	TCP 25
5	DNS 域名解析服务	UDP 53
6	HTTP WEB 服务	TCP 80
7	HTTPS 基于 SSL/TLS 的 WEB 服务	TCP 443
8	SNMP 简单网络管理协议	UDP 161
9	POP3 邮局协议	TCP 110

设备提供者在交付环节应提供网络服务与端口映射关系的说明，明确告知设备默认开启的所有网络服务及对应的端口号信息。提出本条款主要从以下方面考虑保障设备安全能力。

（1）设备提供者应在交付前明确设备开放的网络服务与端口信息，不应出现开启大量不必要的网络服务的情况。

（2）设备提供者应将开放的网络服务与端口信息通过书面方式告知用户，可以在设备说明书中告知，确保用户可见可知。

本条款主要通过文档检查的方式进行验证。

三、示例说明

1. 交换机端口映射说明要求

官网提供设备的通信矩阵，对设备的外部端口做了详述和映射，如图 14-8 所示。

2. PLC 设备端口映射说明要求

PLC 产品的设备默认端口与私有协议，均在使用手册中声明。

源设备	源IP	源端口	目的设备	目的IP	目的端口（协议	协议	端口说明	侦听端口层	连接类型	认证方式	加密方式	所属平面	版本	特殊场景	默认是否关闭
本网元指定的BGP	本网元指定的BGP	30179	本网元	与对端建立BGP会	30179	UDP	BGP路由震荡溯源报文	否	不涉及	null,MD5,keychain	无	控制平面	CE16800&CE9860	无	是
RSVP LSP的	RSVP LSP的	30179	RSVP LSP的	RSVP LSP的	30179	UDP	RSVP LSP震荡诊断报文	否	不涉及	null,MD5,keychain	无	控制平面	CE16800&CE9860	无	是
任意	任意IPv4地址<1-65535>	任意端口	本网元	任意接口IPv4地址	49185	UDP	ping evn端口	是，端口可更改范围	不涉及	无	无	控制平面	CE16800&CE9860	无	是
本网元	任意接口IPv4地址<49152-	随机端口	用户配置的目的	用户配置的IPv4地址	49185	UDP	ping evn响应	不涉及，支持响应	不涉及	无	无	控制平面	V100R003C10版本	无	是
GRPC客户端	任意IPv4地址<1-65535>	任意端口	本网元（GRPC	用户配置的IPv4地址	57400	TCP	GRPC服务端端口	是，端口可更改范围	长连接	用户名/密码，SSL	SSL加密	管理平面/b	CE16800&CE9860	无	是
GRPC客户端	任意IPv6地址<1-65535>	任意端口	本网元（GRPC	用户配置的IPv6地	57400	TCP	GRPC IPv6服务端端口	是，端口可更改范围	长连接	用户名/密码，SSL	SSL加密	管理平面/b	CE16800&CE9860	无	是
运行IPFPM	任意IPv4地址<1-65535>	任意端口	用户配置的IPv4地址		65030	UDP	IPFPM协议通信端口	是，端口可更改范围	不涉及	hmac-sha256	无	控制平面	CE16800&CE9860	无	是
本网元	任意IPv4地址<49152-	随机端口	运行IPFPM	用户配置的IPv4地址	65030	UDP	IPFPM协议通信端口	不涉及，支持改应	不涉及	hmac-sha256	无	控制平面	CE16800&CE9860	无	是
任意	任意IPv4地址<1-65535>	任意端口	与源设备不在同一	37、49、53、69、		UDP	UDP-HELPER端口	是，端口可更改范围	不涉及	无	无	控制平面	CE16800&CE9860	无	是
本网元	任意接口IPv4地址	38514成用户配置的端	SYSLOG服务器	SYSLOG服务器	601（非SSL认证	TCP	SYSLOG知名端口	是，支持改应	长连接	SSL认证	SSL加密	管理平面/b	CE16800&CE9860	无	是
本网元	任意接口IPv6地址	用户配置的端	SYSLOG服务器	SYSLOG服务器	601（非SSL认证	TCP	SYSLOG知名端口	是，支持改应	长连接	SSL认证	SSL加密	管理平面/b	CE16800&CE9860	无	是
本网元指定的BFD	本网元指定的BFD	本网元微为sBFD发	用户配置为sBFD发的目的地	用户配置的IPv4地址	7784(仅用于SBFD发	UDP	Seamless IPv4 BFD用端口	不涉及	不涉及	无	无	管理平面/b	CE16800&CE9860	无	是
本网元	任意接口IPv4地址<49152-	随机端口	AC控制器	AC控制器配置的IPv4地址	AC控制器配置的端	TCP	AC控制器服务端口	不涉及，支持服务	长连接	密码，密钥，密码+	V100R006C00-	管理平面/b	CE16800&CE9860	无	是

图14-8　交换机通信矩阵

第 5 节　私有协议

　　h）应声明设备中存在的通过设备外部接口进行通信的私有协议并说明其用途，私有协议不应存在所声明范围之外的用途。

▶ 条 款 解 读

一、目的和意图

本条款提出网络关键设备提供者在交付环节应提供的私有协议说明要求。

二、条款释义

私有协议是指专用的、非通用的协议。一般是厂商为某些特殊场景下的通信设计的协议，私有协议不遵循通用的标准，甚至不公开协议交互的细节。典型的私有协议包括思科发现协议（Cisco Discovery Protocol，CDP）、思科组管理协议（Cisco Group Management Protocol，CGMP）、西门子 S7 通信协议（S7comm）等。

由于私有协议可能存在与通用协议的兼容性问题，为避免设备存在私有协议导致设备出现互通性问题和可用性问题，设备提供者在交付阶段应提供正式的私有协议说明材料，声明设备中存在的通过设备外部接口进行通信的私有协议并说明其用途，说明私有协议不存在所声明范围之外的用途。

本条款主要通过文档检查的方式进行验证。

第 6 节　漏洞处置

标准条款 6.2i

i）交付设备前，发现设备存在已知漏洞应当立即采取补救措施。

▶ 条 款 解 读

一、目的和意图

本条款提出交付设备前发现设备存在已知漏洞时的补救措施。

二、条款释义

设备交付前，设备提供者可能会获知设备存在已知漏洞，例如内部测试发现存在漏洞、媒体报道存在漏洞等。对于此类已知漏洞，设备提供者应采取补救措施进行应对，确保能够有效降低已知漏洞导致的安全风险。

本条款在实施过程中主要是检查厂商提供的设备交付前的安全漏洞处置流程

说明材料，确认是否包括采取补救措施的内容。同时选取厂商在交付前发现的漏洞实例，查看厂商的补救措施和验证材料。漏洞补救措施可以是漏洞修复补丁、升级包、技术方案等。

三、示例说明

1．交换机漏洞处置

漏洞修复补丁及漏洞补救措施详见第 13 章第 6 节"示例说明"。

2．PLC 设备漏洞处置

在 PLC 产品交付前，如果发现设备问题及漏洞，需要按照不合格品控流程处理。

运行和维护

第15章

网络关键设备提供者应在网络关键设备的运行和维护环节满足的要求。

第1节　风险识别

标准条款　6.3a

a）应识别在运行环节存在的设备自身安全风险（不包括网络环境安全风险），以及对设备进行维护时引入的安全风险，制定安全策略。

▶ 条 款 解 读

一、目的和意图

本条款提出网络关键设备提供者在运行和维护环节识别安全风险的要求。网络关键设备提供者应对设备运行和维护环节的安全风险进行识别，并制定相应的安全策略。

二、条款释义

本条款要求的对象是网络关键设备提供者，不是设备使用者，范围限定于网络关键设备的运行和维护环节，而不是全生命周期。设备使用者在使用设备期间的运行和维护安全风险不属于本条款范围。

网络关键设备提供者应对运行和维护环节的安全风险进行一一识别，引入这些风险的主体应是设备提供者，而不是设备使用者。对本条款的理解应注意区分设备提供者和设备使用者的安全责任界限，例如设备存在安全漏洞属于运行阶段的安全风险，设备提供者的安全责任是提供相应的措施给设备使用者，以便降低安全风险，而对已上线运行的设备采取安全措施，例如升级软件、打补丁等措施，应由设备使用者决策。

针对已经识别的安全风险，网络关键设备提供者应制定针对性的安全策略，以达到有效控制、缓解安全风险的目的。

本条款主要通过文档检查的方式进行验证。

三、示例说明

PLC 设备风险识别

PLC 设备制造商为用户提供 PLC 自身安全风险描述文件，提示用户将 PLC 作为安全分析的一个危险源，考虑整体安全生产风险。

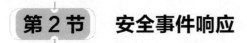

第 2 节　安全事件响应

标准条款　6.3b

　　b）应建立并执行针对设备安全事件的应急响应机制和流程，并为应急处置配备相应的资源。

▶ 条 款 解 读

一、目的和意图

本条款提出网络关键设备提供者针对设备安全事件的应急响应机制和流程的相关要求。

二、条款释义

网络关键设备提供者应建立应急响应机制和流程，主要覆盖的设备安全事件类型包括网络关键设备被发现存在安全漏洞、安全缺陷等。出现设备安全事件时，提供者应能够接收事件报告、按照时限要求及时响应、依据标准评估安全风险等级、采取措施降低风险、研究消除隐患的技术措施、保存处理过程中的证据，并做好信息通报和披露。

网络关键设备提供者应为应急处置配备相应的资源，一般包括明确的组织和人员、管理权限、必要的经费及仪器设备等。

三、示例说明

路由器、交换机安全事件响应如图 15-1 所示。

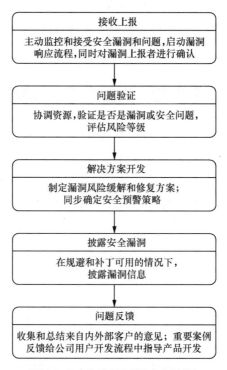

图15-1　交换机漏洞响应流程

第3节　安全缺陷、漏洞修复补救

标准条款　6.3c

　　c）在发现设备存在安全缺陷、漏洞等安全风险时，应采取修复或替代方案等补救措施，按照有关规定及时告知用户并向有关主管部门报告。

▶ 条 款 解 读

一、目的和意图

本条款提出设备提供者在安全缺陷、漏洞修复补救的安全要求。

二、条款释义

本条款要求源自《中华人民共和国网络安全法》第二十二条，该条款规定：网络产品、服务的提供者不得设置恶意程序；发现其网络产品、服务存在安全缺陷、漏洞等风险时，应当立即采取补救措施，按照规定及时告知用户并向有关主管部门报告。

本条款要求细化了《网络安全法》要求，主要是明确了补救措施的类型，设备提供者可以采取修复的方式作为补救措施，例如通过软件升级或补丁等方式修复漏洞，在修复措施无法短时间内实现的情况下，可以尽快提出替代方案作为补救措施，例如在不影响业务的前提下关闭某项功能，或增加攻击报文过滤规则等防护性配置等。

设备存在的安全缺陷、漏洞等安全风险既包括设备提供者自己发现的安全问题，也包括其他人发现的问题并通过特定渠道反馈给设备提供者或公开发布的安全问题。

告知用户和向主管部门报告应按照国家和相关行业主管部门发布的文件执行，例如工业和信息化部发布的《网络安全漏洞管理规定》等，设备提供者告知用户和向主管部门报告过程应留存相应的证据。

三、示例说明

1. 交换机漏洞修复补救

漏洞修复补丁及漏洞补救措施详见第 13 章第 6 节"示例说明"。

2. PLC 设备安全缺陷、漏洞修复补救

当 PLC 在用户现场发现问题，应及时告知用户，并紧急升级，需要按照现场临时补丁发放流程执行。

（1）客户对现场问题处理有明确的、紧急时效的要求，软件（含固件）按正常开发流程不能在此紧急时效内提供时，为了快速响应客户的需求，及时解决已交付使用的产品在客户现场出现的问题，由工程实施经理填写《产品临时补丁使用记录》，提出现场临时补丁发放申请、明确临时补丁现场应用范围，经产品经理批准后，传递至项目经理、项目及业务公司质量保证工程师，项目质量保证工程师对现场临时补丁发放全过程进行监控。

（2）项目经理组织对风险进行评估，并按照《产品管理程序》关于软件设计实现过程的管理规范，组织完成补丁程序的开发、测试、安装程序制作，填写《产品临时补丁使用记录》说明补丁包的基本信息，连同临时补丁安装程序按一般配置项归档，明确发放范围，完成工作流归档、发放。现场临时补丁发放以补丁包的形式提供，采用向上兼容方式，即新增补丁应包含以前的、未转到正式版本中的临时版本补丁包信息。

（3）工程实施经理依据临时补丁应用范围计划，组织完成现场安装、调试，记录并反馈问题至项目经理，项目质量保证工程师监控问题处理情况；完整的《产品临时补丁使用记录》由质量保证工程师归档至项目文档。

（4）当现场临时补丁自发放之日起达到 3 个月，或同一产品连续发放 3（含）个临时补丁时，产品项目经理必须准备将现场临时补丁按照产品发布规定完成发布或升版工作。在此期间，项目经理按照《集团产品设计实现管理规范》的规定，将产

品临时补丁更新入《产品履历表》，履历表中的临时补丁信息除产品基本信息（补丁名称、临时版本号等）外，还需包含临时补丁应用现场信息（项目编号、项目名称）。

（5）在客户现场发现的安全问题应按照有关规定向有关主管部门报告。

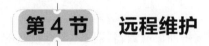

第 4 节　远程维护

标准条款　6.3d，e

d）在对设备进行远程维护时，应明示维护内容、风险以及应对措施，应留存不可更改的远程维护日志记录，记录内容应至少包括维护时间、维护内容、维护人员、远程维护方式及工具。

注：常见的远程维护包括对设备的远程升级、配置修改、数据读取、远程诊断等操作。

e）在对设备进行远程维护时，应获得用户授权，并支持用户中止远程维护，应留存授权记录。

注：常见的获得用户授权的方式包括鉴别信息授权、书面授权等。

▶ 条 款 解 读

一、目的和意图

本条款提出设备提供者在安全缺陷、漏洞修复补救的安全要求。

二、条款释义

设备在上线运行后，如需进行故障诊断、故障定位、故障处理、软件升级、数据读取、配置修改等操作，可能需要设备提供者使用网络方式远程接入对设备进行操作，本部分要求主要针对此类场景提出安全规范。

设备提供者在提供远程维护服务时，应明示本次或约定时间内的维护工作内容可能产生的安全风险以及应如何应对，应留存远程维护的日志记录，日志记录要素应完整记录远程维护过程，包括维护时间、维护内容、维护人员、使用的维护方式或工具等。

在对设备进行远程维护前，应获得授权，留存授权的记录信息，不应在未获得授权的情况下实施远程维护活动，在远程维护进行过程中，应支持用户随时中止远程维护接入。授权可以是多种形式，既可以是正式的书面授权文件，也可以是通过分配一个远程维护账号进行授权。

第 5 节　完整性真实性验证方法

标准条款　6.3f

　f）应为用户提供对补丁包／升级包的完整性、来源真实性进行验证的方法。

▶ 条 款 解 读

一、目的和意图

本条款提出设备提供者对软件补丁包或升级包的完整性以及来源真实性的验证要求。

二、条款释义

为修复设备缺陷或安全问题，一般情况下设备提供者会通过补丁包或升级包等形式对设备软件进行升级。本部分要求主要针对补丁包或升级包存在被篡改导致完整性被破坏的风险，要求设备提供者提供相应的验证方式，验证补丁包或升级包的完整性、来源真实性。

一般情况下，可以通过数字签名、软件散列值等方式对软件补丁包或升级包的完整性和来源真实性进行验证。

三、示例说明

设备完整性、真实性验证方法

通过官网提供 OPEN PGP 数字签名验证指南，详述验证软件完整性的办法，如图 15-2 所示。

1 OpenPGP 简介 **7**

2 公钥文件说明 **8**

3 GnuPG（Linux） **9**

3.1 背景信息 9

3.2 前提条件 9

3.2.1 GnuPG 安装 9

3.2.2 获取公钥文件 10

3.2.3 导入公钥 13

3.2.4 验证公钥 14

3.3 验证签名 16

4 Gpg4Win（Windows） **19**

4.1 背景信息 19

4.2 前提条件 19

4.2.1 Gpg4Win 安装 19

4.2.2 获取公钥文件 22

4.2.3 导入公钥 25

4.2.4 验证公钥 26

4.3 验证签名 28

5 PGPVerify（Windows&Linux） **31**

5.1 背景信息 31

5.2 前提条件 31

5.2.1 PGP 简易验证工具获取 31

5.2.2 公钥文件获取 34

5.3 验证签名 35

5.3.1 通过界面操作验证 35

5.3.2 通过命令行验证（Windows） 38

5.3.3 通过命令行验证（Linux） 39

图15-2　OPEN PGP数字签名验证指南

第6节　设备废弃/回收处理

标准条款　6.3g, h

> g）应为用户提供对废弃（或退役）设备中关键部件或数据进行不可逆销毁处理的方法。
>
> h）应为用户提供废弃（或退役）设备回收或再利用前的关于数据泄漏等安全风险控制方面的注意事项。

▶ 条款解读

一、目的和意图

本条款提出设备提供者在设备废弃和回收处理环节的安全要求。

二、条款释义

设备在使用一段时间后，可能面临废弃或退役，考虑到废弃设备或退役设备中可能存有用户数据，因此本部分要求设备提供者应提供相应的方法，供用户对设备中的关键数据进行不可逆的销毁处理，避免出现关键数据泄露的问题。

部分设备提供者提供废弃设备或退役设备的回收或再利用服务，在废弃（或退役）设备回收或再利用前，可能出现未有效清除设备中的数据而导致数据泄露等安全风险。因此，本部分要求设备提供者为用户提供风险控制相关的注意事项，提醒客户如有废弃（或退役）设备回收或再利用的需求，需要注意采取措施防范数据泄露等相关的安全风险。

三、示例说明

（1）建立运行后含客户数据的清单，并在 IT 系统中进行承载，如图 15-3 所示。

（2）建立自动或者手工的方式进行数据的清除。

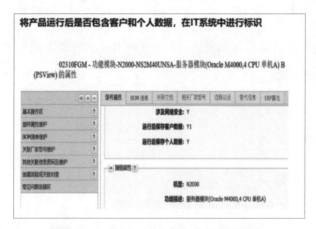

图15-3 设备运行后含客户数据的清单

（3）对拆解下来的存储类部（器）件进行包括但不限于粉碎、焚烧、消磁、低格等方式的不可逆销毁处理，如图 15-4 所示。

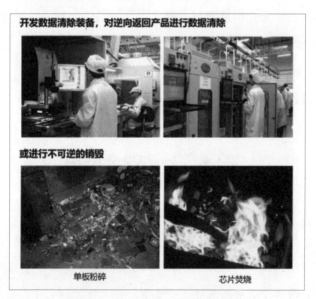

图15-4 数据清除及不可逆销毁

第7节　二次销售或提供设备的处理

标准条款 6.3i

　　i）对于维修后再销售或提供的设备或部件，应对设备或部件中的用户数据进行不可逆销毁。

▶ **条 款 解 读**

一、目的和意图

本条款提出二次销售或提供设备的安全要求。

二、条款释义

部分设备或设备部件在经设备提供者维修后，可能进行二次销售或提供，对于维修后再销售或提供的设备或部件，设备提供者应对设备或部件中的用户数据进行不可逆的销毁，避免出现数据泄露等安全问题。一般可以采用物理销毁、消磁等方式进行处理。

三、示例说明

设备二次销售或提供数据销毁处理如图15-4所示。

第8节　安全维护

标准条款 6.3j

　　j）应在约定的期限内，为设备提供持续的安全维护，不应以业务变更、产权变更等原因单方面中断或终止安全维护。

一、目的和意图

本条款提出设备提供者应遵守的安全维护持续性要求。

二、条款释义

设备提供者应在约定的期限内，为设备提供持续的安全维护，不应以业务变更、产权变更等原因单方面中断或终止安全维护。这里的安全维护包括设备硬件故障处理、软件故障处理、安全漏洞处置等。

第9节 设备生命周期终止处理

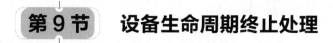

k）应向用户告知设备生命周期终止时间。

一、目的和意图

本条款提出设备提供者在设备生命周期终止时的处理要求。

二、条款释义

设备在市场上销售一定时间后，设备提供者可能做出终止设备生命周期的决定，这就意味着该款设备将被停止销售，相应的技术支持也将被停止。设备提供者在做出终止某款设备生命周期时，应以适宜的方式提前向用户告知，通常可以使用企业官方网站等渠道告知用户。

三、示例说明

设备声明周期终止公告（停止服务、停止销售），如图15-5所示。

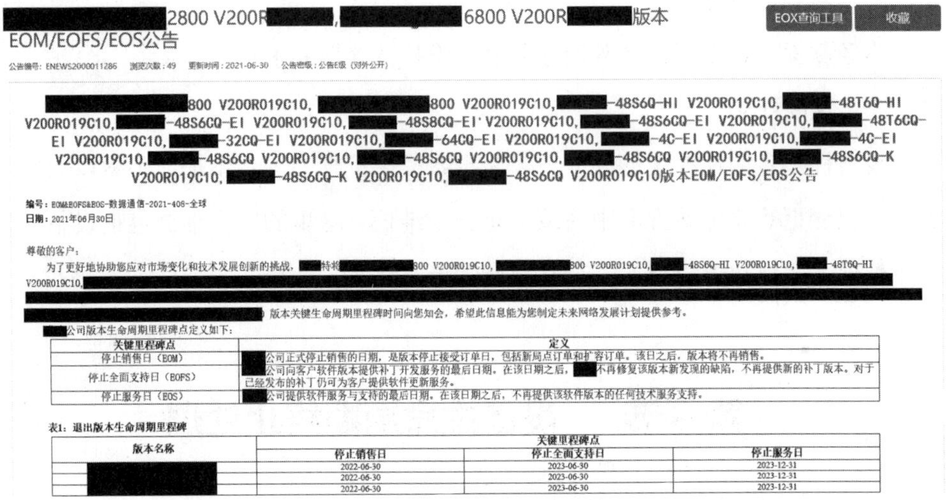

图15-5　设备声明周期终止公告（停止服务、停止销售）

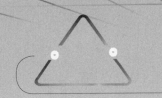

附　录

中华人民共和国网络安全法

（2016年11月7日第十二届全国人民代表大会常务委员会第二十四次会议通过）

目　录

第一章　总则

第一条　为了保障网络安全，维护网络空间主权和国家安全、社会公共利益，保护公民、法人和其他组织的合法权益，促进经济社会信息化健康发展，制定本法。

第二条　在中华人民共和国境内建设、运营、维护和使用网络，以及网络安全的监督管理，适用本法。

第三条　国家坚持网络安全与信息化发展并重，遵循积极利用、科学发展、依法管理、确保安全的方针，推进网络基础设施建设和互联互通，鼓励网络技术创新和应用，支持培养网络安全人才，建立健全网络安全保障体系，提高网络安全保护能力。

第四条　国家制定并不断完善网络安全战略，明确保障网络安全的基本要求和主要目标，提出重点领域的网络安全政策、工作任务和措施。

第五条　国家采取措施，监测、防御、处置来源于中华人民共和国境内外的网络安全风险和威胁，保护关键信息基础设施免受攻击、侵入、干扰和破坏，依法惩治网络违法犯罪活动，维护网络空间安全和秩序。

第六条　国家倡导诚实守信、健康文明的网络行为，推动传播社会主义核心价值观，采取措施提高全社会的网络安全意识和水平，形成全社会共同参与促进网络安全的良好环境。

第七条　国家积极开展网络空间治理、网络技术研发和标准制定、打击网络违法犯罪等方面的国际交流与合作，推动构建和平、安全、开放、合作的网络空间，建立多边、民主、透明的网络治理体系。

第八条　国家网信部门负责统筹协调网络安全工作和相关监督管理工作。国务院电信主管部门、公安部门和其他有关机关依照本法和有关法律、行政法规的规定，在各自职责范围内负责网络安全保护和监督管理工作。

县级以上地方人民政府有关部门的网络安全保护和监督管理职责，按照国家有关规定确定。

第九条　网络运营者开展经营和服务活动，必须遵守法律、行政法规，尊重社会公德，遵守商业道德，诚实信用，履行网络安全保护义务，接受政府和社会的监督，承担社会责任。

第十条　建设、运营网络或者通过网络提供服务，应当依照法律、行政法规的规定和国家标准的强制性要求，采取技术措施和其他必要措施，保障网络安全、稳定运行，有效应对网络安全事件，防范网络违法犯罪活动，维护网络数据的完整性、保密性和可用性。

第十一条　网络相关行业组织按照章程，加强行业自律，制定网络安全行为规范，指导会员加强网络安全保护，提高网络安全保护水平，促进行业健康发展。

第十二条　国家保护公民、法人和其他组织依法使用网络的权利，促进网络接入普及，提升网络服务水平，为社会提供安全、便利的网络服务，保障网络信息依法有序自由流动。

任何个人和组织使用网络应当遵守宪法法律，遵守公共秩序，尊重社会公德，不得危害网络安全，不得利用网络从事危害国家安全、荣誉和利益，煽动颠覆国家政权、推翻社会主义制度，煽动分裂国家、破坏国家统一，宣扬恐怖主义、极端主义，宣扬民族仇恨、民族歧视，传播暴力、淫秽色情信息，编造、传播虚假信息扰乱经济秩序和社会秩序，以及侵害他人名誉、隐私、知识产权和其他合法权益等活动。

第十三条　国家支持研究开发有利于未成年人健康成长的网络产品和服务，依法惩治利用网络从事危害未成年人身心健康的活动，为未成年人提供安全、健康的网络环境。

第十四条　任何个人和组织有权对危害网络安全的行为向网信、电信、公安等部门举报。收到举报的部门应当及时依法做出处理；不属于本部门职责的，应当及时移送有权处理的部门。

有关部门应当对举报人的相关信息予以保密，保护举报人的合法权益。

第二章　网络安全支持与促进

第十五条　国家建立和完善网络安全标准体系。国务院标准化行政主管部门和国务院其他有关部门根据各自的职责，组织制定并适时修订有关网络安全管理以及网络产品、服务和运行安全的国家标准、行业标准。

国家支持企业、研究机构、高等学校、网络相关行业组织参与网络安全国家标准、行业标准的制定。

第十六条　国务院和省、自治区、直辖市人民政府应当统筹规划，加大投入，扶持重点网络安全技术产业和项目，支持网络安全技术的研究开发和应用，推广安全可信的网络产品和服务，保护网络技术知识产权，支持企业、研究机构和高等学校等参与国家网络安全技术创新项目。

第十七条　国家推进网络安全社会化服务体系建设，鼓励有关企业、机构开展网络安全认证、检测和风险评估等安全服务。

第十八条　国家鼓励开发网络数据安全保护和利用技术，促进公共数据资源开放，推动技术创新和经济社会发展。

国家支持创新网络安全管理方式，运用网络新技术，提升网络安全保护水平。

第十九条　各级人民政府及其有关部门应当组织开展经常性的网络安全宣传教育，并指导、督促有关单位做好网络安全宣传教育工作。

大众传播媒介应当有针对性地面向社会进行网络安全宣传教育。

第二十条　国家支持企业和高等学校、职业学校等教育培训机构开展网络安全相关教育与培训，采取多种方式培养网络安全人才，促进网络安全人才交流。

第三章　网络运行安全

第一节　一般规定

第二十一条　国家实行网络安全等级保护制度。网络运营者应当按照网络安全等级保护制度的要求，履行下列安全保护义务，保障网络免受干扰、破坏或者未经授权的访问，防止网络数据泄露或者被窃取、篡改：

（一）制定内部安全管理制度和操作规程，确定网络安全负责人，落实网络安全保护责任；

（二）采取防范计算机病毒和网络攻击、网络侵入等危害网络安全行为的技术措施；

（三）采取监测、记录网络运行状态、网络安全事件的技术措施，并按照规定留存相关的网络日志不少于六个月；

（四）采取数据分类、重要数据备份和加密等措施；

（五）法律、行政法规规定的其他义务。

第二十二条　网络产品、服务应当符合相关国家标准的强制性要求。网络产品、服务的提供者不得设置恶意程序；发现其网络产品、服务存在安全缺陷、漏洞等风险时，应当立即采取补救措施，按照规定及时告知用户并向有关主管部门报告。

网络产品、服务的提供者应当为其产品、服务持续提供安全维护；在规定或者当事人约定的期限内，不得终止提供安全维护。

网络产品、服务具有收集用户信息功能的，其提供者应当向用户明示并取得同意；涉及用户个人信息的，还应当遵守本法和有关法律、行政法规关于个人信息保护的规定。

第二十三条　网络关键设备和网络安全专用产品应当按照相关国家标准的强制性要求，由具备资格的机构安全认证合格或者安全检测符合要求后，方可销售或者提供。国家网信部门会同国务院有关部门制定、公布网络关键设备和网络安全专用产品目录，并推动安全认证和安全检测结果互认，避免重复认证、检测。

第二十四条　网络运营者为用户办理网络接入、域名注册服务，办理固定电话、移动电话等入网手续，或者为用户提供信息发布、即时通讯等服务，在与用户签订协议或者确认提供服务时，应当要求用户提供真实身份信息。用户不提供真实身份信息的，网络运营者不得为其提供相关服务。

国家实施网络可信身份战略，支持研究开发安全、方便的电子身份认证技术，推动不同电子身份认证之间的互认。

第二十五条　网络运营者应当制定网络安全事件应急预案，及时处置系统漏洞、计算机病毒、网络攻击、网络侵入等安全风险；在发生危害网络安全的事件时，立即启动应急预案，采取相应的补救措施，并按照规定向有关主管部门报告。

第二十六条　开展网络安全认证、检测、风险评估等活动，向社会发布系统漏洞、计算机病毒、网络攻击、网络侵入等网络安全信息，应当遵守国家有关规定。

第二十七条　任何个人和组织不得从事非法侵入他人网络、干扰他人网络正常功能、窃取网络数据等危害网络安全的活动；不得提供专门用于从事侵入网络、干扰网络正常功能及防护措施、窃取网络数据等危害网络安全活动的程序、工具；明知他人从事危害网络安全的活动的，不得为其提供技术支持、广告推广、支付结算等帮助。

第二十八条　网络运营者应当为公安机关、国家安全机关依法维护国家安全和侦查犯罪的活动提供技术支持和协助。

第二十九条　国家支持网络运营者之间在网络安全信息收集、分析、通报和应急处置等方面进行合作，提高网络运营者的安全保障能力。

有关行业组织建立健全本行业的网络安全保护规范和协作机制，加强对网络安全风险的分析评估，定期向会员进行风险警示，支持、协助会员应对网络安全风险。

第三十条　网信部门和有关部门在履行网络安全保护职责中获取的信息，只能用于维护网络安全的需要，不得用于其他用途。

第二节　关键信息基础设施的运行安全

第三十一条　国家对公共通信和信息服务、能源、交通、水利、金融、公共服务、电子政务等重要行业和领域，以及其他一旦遭到破坏、丧失功能或者数据泄露，可能严重危害国家安全、国计民生、公共利益的关键信息基础设施，在网络安全等级保护制度的基础上，实行重点保护。关键信息基础设施的具体范围和安全保护办法由国务院制定。

国家鼓励关键信息基础设施以外的网络运营者自愿参与关键信息基础设施保护体系。

第三十二条　按照国务院规定的职责分工，负责关键信息基础设施安全保护工作的部门分别编制并组织实施本行业、本领域的关键信息基础设施安全规划，指导和监督关键信息基础设施运行安全保护工作。

第三十三条　建设关键信息基础设施应当确保其具有支持业务稳定、持续运行的性能，并保证安全技术措施同步规划、同步建设、同步使用。

第三十四条　除本法第二十一条的规定外，关键信息基础设施的运营者还应当履行下列安全保护义务：

（一）设置专门安全管理机构和安全管理负责人，并对该负责人和关键岗位的人员进行安全背景审查；

（二）定期对从业人员进行网络安全教育、技术培训和技能考核；

（三）对重要系统和数据库进行容灾备份；

（四）制定网络安全事件应急预案，并定期进行演练；

（五）法律、行政法规规定的其他义务。

第三十五条　关键信息基础设施的运营者采购网络产品和服务，可能影响国家安全的，应当通过国家网信部门会同国务院有关部门组织的国家安全审查。

第三十六条　关键信息基础设施的运营者采购网络产品和服务，应当按照规定与提供者签订安全保密协议，明确安全和保密义务与责任。

第三十七条　关键信息基础设施的运营者在中华人民共和国境内运营中收集和产生的个人信息和重要数据应当在境内存储。因业务需要，确需向境外提供的，应当按照国家网信部门会同国务院有关部门制定的办法进行安全评估；法律、行政法规另有规定的，依照其规定。

第三十八条　关键信息基础设施的运营者应当自行或者委托网络安全服务机

构对其网络的安全性和可能存在的风险每年至少进行一次检测评估，并将检测评估情况和改进措施报送相关负责关键信息基础设施安全保护工作的部门。

第三十九条　国家网信部门应当统筹协调有关部门对关键信息基础设施的安全保护采取下列措施：

（一）对关键信息基础设施的安全风险进行抽查检测，提出改进措施，必要时可以委托网络安全服务机构对网络存在的安全风险进行检测评估；

（二）定期组织关键信息基础设施的运营者进行网络安全应急演练，提高应对网络安全事件的水平和协同配合能力；

（三）促进有关部门、关键信息基础设施的运营者以及有关研究机构、网络安全服务机构等之间的网络安全信息共享；

（四）对网络安全事件的应急处置与网络功能的恢复等，提供技术支持和协助。

第四章　网络信息安全

第四十条　网络运营者应当对其收集的用户信息严格保密，并建立健全用户信息保护制度。

第四十一条　网络运营者收集、使用个人信息，应当遵循合法、正当、必要的原则，公开收集、使用规则，明示收集、使用信息的目的、方式和范围，并经被收集者同意。

网络运营者不得收集与其提供的服务无关的个人信息，不得违反法律、行政法规的规定和双方的约定收集、使用个人信息，并应当依照法律、行政法规的规定和与用户的约定，处理其保存的个人信息。

第四十二条　网络运营者不得泄露、篡改、毁损其收集的个人信息；未经被收集者同意，不得向他人提供个人信息。但是，经过处理无法识别特定个人且不能复原的除外。

　　网络运营者应当采取技术措施和其他必要措施，确保其收集的个人信息安全，防止信息泄露、毁损、丢失。在发生或者可能发生个人信息泄露、毁损、丢失的情况时，应当立即采取补救措施，按照规定及时告知用户并向有关主管部门报告。

　　第四十三条　个人发现网络运营者违反法律、行政法规的规定或者双方的约定收集、使用其个人信息的，有权要求网络运营者删除其个人信息；发现网络运营者收集、存储的其个人信息有错误的，有权要求网络运营者予以更正。网络运营者应当采取措施予以删除或者更正。

　　第四十四条　任何个人和组织不得窃取或者以其他非法方式获取个人信息，不得非法出售或者非法向他人提供个人信息。

　　第四十五条　依法负有网络安全监督管理职责的部门及其工作人员，必须对在履行职责中知悉的个人信息、隐私和商业秘密严格保密，不得泄露、出售或者非法向他人提供。

　　第四十六条　任何个人和组织应当对其使用网络的行为负责，不得设立用于实施诈骗，传授犯罪方法，制作或者销售违禁物品、管制物品等违法犯罪活动的网站、通讯群组，不得利用网络发布涉及实施诈骗，制作或者销售违禁物品、管制物品以及其他违法犯罪活动的信息。

　　第四十七条　网络运营者应当加强对其用户发布的信息的管理，发现法律、行政法规禁止发布或者传输的信息的，应当立即停止传输该信息，采取消除等处置措施，防止信息扩散，保存有关记录，并向有关主管部门报告。

　　第四十八条　任何个人和组织发送的电子信息、提供的应用软件，不得设置恶意程序，不得含有法律、行政法规禁止发布或者传输的信息。

　　电子信息发送服务提供者和应用软件下载服务提供者，应当履行安全管理义务，知道其用户有前款规定行为的，应当停止提供服务，采取消除等处置措施，保存有关记录，并向有关主管部门报告。

第四十九条 网络运营者应当建立网络信息安全投诉、举报制度，公布投诉、举报方式等信息，及时受理并处理有关网络信息安全的投诉和举报。

网络运营者对网信部门和有关部门依法实施的监督检查，应当予以配合。

第五十条 国家网信部门和有关部门依法履行网络信息安全监督管理职责，发现法律、行政法规禁止发布或者传输的信息的，应当要求网络运营者停止传输，采取消除等处置措施，保存有关记录；对来源于中华人民共和国境外的上述信息，应当通知有关机构采取技术措施和其他必要措施阻断传播。

第五章　监测预警与应急处置

第五十一条 国家建立网络安全监测预警和信息通报制度。国家网信部门应当统筹协调有关部门加强网络安全信息收集、分析和通报工作，按照规定统一发布网络安全监测预警信息。

第五十二条 负责关键信息基础设施安全保护工作的部门，应当建立健全本行业、本领域的网络安全监测预警和信息通报制度，并按照规定报送网络安全监测预警信息。

第五十三条 国家网信部门协调有关部门建立健全网络安全风险评估和应急工作机制，制定网络安全事件应急预案，并定期组织演练。

负责关键信息基础设施安全保护工作的部门应当制定本行业、本领域的网络安全事件应急预案，并定期组织演练。

网络安全事件应急预案应当按照事件发生后的危害程度、影响范围等因素对网络安全事件进行分级，并规定相应的应急处置措施。

第五十四条 网络安全事件发生的风险增大时，省级以上人民政府有关部门应当按照规定的权限和程序，并根据网络安全风险的特点和可能造成的危害，采取下列措施：

（一）要求有关部门、机构和人员及时收集、报告有关信息，加强对网络安全风险的监测；

（二）组织有关部门、机构和专业人员，对网络安全风险信息进行分析评估，预测事件发生的可能性、影响范围和危害程度；

（三）向社会发布网络安全风险预警，发布避免、减轻危害的措施。

第五十五条　发生网络安全事件，应当立即启动网络安全事件应急预案，对网络安全事件进行调查和评估，要求网络运营者采取技术措施和其他必要措施，消除安全隐患，防止危害扩大，并及时向社会发布与公众有关的警示信息。

第五十六条　省级以上人民政府有关部门在履行网络安全监督管理职责中，发现网络存在较大安全风险或者发生安全事件的，可以按照规定的权限和程序对该网络的运营者的法定代表人或者主要负责人进行约谈。网络运营者应当按照要求采取措施，进行整改，消除隐患。

第五十七条　因网络安全事件，发生突发事件或者生产安全事故的，应当依照《中华人民共和国突发事件应对法》《中华人民共和国安全生产法》等有关法律、行政法规的规定处置。

第五十八条　因维护国家安全和社会公共秩序，处置重大突发社会安全事件的需要，经国务院决定或者批准，可以在特定区域对网络通信采取限制等临时措施。

第六章　法律责任

第五十九条　网络运营者不履行本法第二十一条、第二十五条规定的网络安全保护义务的，由有关主管部门责令改正，给予警告；拒不改正或者导致危害网络安全等后果的，处一万元以上十万元以下罚款，对直接负责的主管人员处五千元以上五万元以下罚款。

关键信息基础设施的运营者不履行本法第三十三条、第三十四条、第三十六条、第三十八条规定的网络安全保护义务的，由有关主管部门责令改正，给予警告；拒不改正或者导致危害网络安全等后果的，处十万元以上一百万元以下罚款，对直接负责的主管人员处一万元以上十万元以下罚款。

第六十条　违反本法第二十二条第一款、第二款和第四十八条第一款规定，有下列行为之一的，由有关主管部门责令改正，给予警告；拒不改正或者导致危害网络安全等后果的，处五万元以上五十万元以下罚款，对直接负责的主管人员处一万元以上十万元以下罚款：

（一）设置恶意程序的；

（二）对其产品、服务存在的安全缺陷、漏洞等风险未立即采取补救措施，或者未按照规定及时告知用户并向有关主管部门报告的；

（三）擅自终止为其产品、服务提供安全维护的。

第六十一条　网络运营者违反本法第二十四条第一款规定，未要求用户提供真实身份信息，或者对不提供真实身份信息的用户提供相关服务的，由有关主管部门责令改正；拒不改正或者情节严重的，处五万元以上五十万元以下罚款，并可以由有关主管部门责令暂停相关业务、停业整顿、关闭网站、吊销相关业务许可证或者吊销营业执照，对直接负责的主管人员和其他直接责任人员处一万元以上十万元以下罚款。

第六十二条　违反本法第二十六条规定，开展网络安全认证、检测、风险评估等活动，或者向社会发布系统漏洞、计算机病毒、网络攻击、网络侵入等网络安全信息的，由有关主管部门责令改正，给予警告；拒不改正或者情节严重的，处一万元以上十万元以下罚款，并可以由有关主管部门责令暂停相关业务、停业整顿、关闭网站、吊销相关业务许可证或者吊销营业执照，对直接负责的主管人员和其他直接责任人员处五千元以上五万元以下罚款。

第六十三条　违反本法第二十七条规定，从事危害网络安全的活动，或者提供专门用于从事危害网络安全活动的程序、工具，或者为他人从事危害网络安全的活动提供技术支持、广告推广、支付结算等帮助，尚不构成犯罪的，由公安机关没收违法所得，处五日以下拘留，可以并处五万元以上五十万元以下罚款；情节较重的，处五日以上十五日以下拘留，可以并处十万元以上一百万元以下罚款。

单位有前款行为的，由公安机关没收违法所得，处十万元以上一百万元以下罚款，并对直接负责的主管人员和其他直接责任人员依照前款规定处罚。

违反本法第二十七条规定，受到治安管理处罚的人员，五年内不得从事网络安全管理和网络运营关键岗位的工作；受到刑事处罚的人员，终身不得从事网络安全管理和网络运营关键岗位的工作。

第六十四条　网络运营者、网络产品或者服务的提供者违反本法第二十二条第三款、第四十一条至第四十三条规定，侵害个人信息依法得到保护的权利的，由有关主管部门责令改正，可以根据情节单处或者并处警告、没收违法所得、处违法所得一倍以上十倍以下罚款，没有违法所得的，处一百万元以下罚款，对直接负责的主管人员和其他直接责任人员处一万元以上十万元以下罚款；情节严重的，并可以责令暂停相关业务、停业整顿、关闭网站、吊销相关业务许可证或者吊销营业执照。

违反本法第四十四条规定，窃取或者以其他非法方式获取、非法出售或者非法向他人提供个人信息，尚不构成犯罪的，由公安机关没收违法所得，并处违法所得一倍以上十倍以下罚款，没有违法所得的，处一百万元以下罚款。

第六十五条　关键信息基础设施的运营者违反本法第三十五条规定，使用未经安全审查或者安全审查未通过的网络产品或者服务的，由有关主管部门责令停止使用，处采购金额一倍以上十倍以下罚款；对直接负责的主管人员和其他直接责任人员处一万元以上十万元以下罚款。

第六十六条　关键信息基础设施的运营者违反本法第三十七条规定，在境外存储网络数据，或者向境外提供网络数据的，由有关主管部门责令改正，给予警告，没收违法所得，处五万元以上五十万元以下罚款，并可以责令暂停相关业务、停业整顿、关闭网站、吊销相关业务许可证或者吊销营业执照；对直接负责的主管人员和其他直接责任人员处一万元以上十万元以下罚款。

第六十七条　违反本法第四十六条规定，设立用于实施违法犯罪活动的网站、通讯群组，或者利用网络发布涉及实施违法犯罪活动的信息，尚不构成犯罪的，由公安机关处五日以下拘留，可以并处一万元以上十万元以下罚款；情节较重的，处五日以上十五日以下拘留，可以并处五万元以上五十万元以下罚款。关闭用于实施违法犯罪活动的网站、通讯群组。

单位有前款行为的，由公安机关处十万元以上五十万元以下罚款，并对直接负责的主管人员和其他直接责任人员依照前款规定处罚。

第六十八条　网络运营者违反本法第四十七条规定，对法律、行政法规禁止发布或者传输的信息未停止传输、采取消除等处置措施、保存有关记录的，由有关主管部门责令改正，给予警告，没收违法所得；拒不改正或者情节严重的，处十万元以上五十万元以下罚款，并可以责令暂停相关业务、停业整顿、关闭网站、吊销相关业务许可证或者吊销营业执照，对直接负责的主管人员和其他直接责任人员处一万元以上十万元以下罚款。

电子信息发送服务提供者、应用软件下载服务提供者，不履行本法第四十八条第二款规定的安全管理义务的，依照前款规定处罚。

第六十九条　网络运营者违反本法规定，有下列行为之一的，由有关主管部门责令改正；拒不改正或者情节严重的，处五万元以上五十万元以下罚款，对直接负责的主管人员和其他直接责任人员，处一万元以上十万元以下罚款：

（一）不按照有关部门的要求对法律、行政法规禁止发布或者传输的信息，采取停止传输、消除等处置措施的；

（二）拒绝、阻碍有关部门依法实施的监督检查的；

（三）拒不向公安机关、国家安全机关提供技术支持和协助的。

第七十条　发布或者传输本法第十二条第二款和其他法律、行政法规禁止发布或者传输的信息的，依照有关法律、行政法规的规定处罚。

第七十一条　有本法规定的违法行为的，依照有关法律、行政法规的规定记入信用档案，并予以公示。

第七十二条　国家机关政务网络的运营者不履行本法规定的网络安全保护义务的，由其上级机关或者有关机关责令改正；对直接负责的主管人员和其他直接责任人员依法给予处分。

第七十三条　网信部门和有关部门违反本法第三十条规定，将在履行网络安全保护职责中获取的信息用于其他用途的，对直接负责的主管人员和其他直接责任人员依法给予处分。

网信部门和有关部门的工作人员玩忽职守、滥用职权、徇私舞弊，尚不构成犯罪的，依法给予处分。

第七十四条　违反本法规定，给他人造成损害的，依法承担民事责任。

违反本法规定，构成违反治安管理行为的，依法给予治安管理处罚；构成犯罪的，依法追究刑事责任。

第七十五条　境外的机构、组织、个人从事攻击、侵入、干扰、破坏等危害中华人民共和国的关键信息基础设施的活动，造成严重后果的，依法追究法律责任；国务院公安部门和有关部门并可以决定对该机构、组织、个人采取冻结财产或者其他必要的制裁措施。

第七章　附则

第七十六条　本法下列用语的含义：

（一）网络，是指由计算机或者其他信息终端及相关设备组成的按照一定的规则和程序对信息进行收集、存储、传输、交换、处理的系统。

（二）网络安全，是指通过采取必要措施，防范对网络的攻击、侵入、干扰、破坏和非法使用以及意外事故，使网络处于稳定可靠运行的状态，以及保障网络数据的完整性、保密性、可用性的能力。

（三）网络运营者，是指网络的所有者、管理者和网络服务提供者。

（四）网络数据，是指通过网络收集、存储、传输、处理和产生的各种电子数据。

（五）个人信息，是指以电子或者其他方式记录的能够单独或者与其他信息结合识别自然人个人身份的各种信息，包括但不限于自然人的姓名、出生日期、身份证件号码、个人生物识别信息、住址、电话号码等。

第七十七条　存储、处理涉及国家秘密信息的网络的运行安全保护，除应当遵守本法外，还应当遵守保密法律、行政法规的规定。

第七十八条　军事网络的安全保护，由中央军事委员会另行规定。

第七十九条　本法自 2017 年 6 月 1 日起施行。

网络关键设备和网络安全专用产品目录
（第一批）的公告

四部门关于发布《网络关键设备和网络安全专用产品目录（第一批）》的公告

为加强网络关键设备和网络安全专用产品安全管理，依据《中华人民共和国网络安全法》，国家互联网信息办公室会同工业和信息化部、公安部、国家认证认可监督管理委员会等部门制定了《网络关键设备和网络安全专用产品目录（第一批）》，现予以公布，自印发之日起施行。

一、列入《网络关键设备和网络安全专用产品目录》的设备和产品，应当按照相关国家标准的强制性要求，由具备资格的机构安全认证合格或者安全检测符合要求后，方可销售或者提供。

具备资格的机构指国家认证认可监督管理委员会、工业和信息化部、公安部、国家互联网信息办公室按照国家有关规定共同认定的机构。

二、网络关键设备和网络安全专用产品认证或者检测委托人，选择具备资格的机构进行安全认证或者安全检测。

三、网络关键设备、网络安全专用产品选择安全检测方式的，经安全检测符合要求后，由检测机构将网络关键设备、网络安全专用产品检测结果（含本公告发布之前已经本机构安全检测符合要求且在有效期内的设备与产品）依照相关规定分别报工业和信息化部、公安部。

选择安全认证方式的，经安全认证合格后，由认证机构将认证结果（含本公告发布之前已经本机构安全认证合格且在有效期内的设备与产品）依照相关规定报国家认证认可监督管理委员会。

国家互联网信息办公室会同工业和信息化部、公安部、国家认证认可监督管理委员会统一发布。

特此公告。

附件：网络关键设备和网络安全专用产品目录（第一批）

国家互联网信息办公室　　　　工业和信息化部

公安部　　国家认证认可监督管理委员会

2017 年 6 月 1 日

附件

网络关键设备和网络安全专用产品目录（第一批）

设备或产品类别	范围
网络关键设备 1. 路由器	整系统吞吐量（双向）≥ 12Tbits 整系统路由表容量≥ 55 万条
2. 交换机	整系统吞吐量（双向）≥ 30Tbits 整系统包转发率≥ 10Gpps
3. 服务器（机架式）	CPU 数量≥ 8 个 单 CPU 内核数≥ 14 个 内存容量≥ 256GB
4. 可编程逻辑控制器（PLC 设备）	控制器指令执行时间≤ 0.08μs
网络安全专用产品 5. 数据备份一体机	备份容量≥ 20TB 备份速度≥ 60MB/s 备份时间间隔≤ 1h
6. 防火墙（硬件）	整机吞吐量≥ 80Gbits 最大并发连接数≥ 300 万 每秒新建连接数≥ 25 万
7. WEB 应用防火墙（WAF）	整机应用吞吐量≥ 6Gbits 最大 HTTP 并发连接数≥ 200 万
8. 入侵检测系统（IDS）	满检速率≥ 15Gbits 最大并发连接数≥ 500 万
9. 入侵防御系统（IPS）	满检速率≥ 20Gbits 最大并发连接数≥ 500 万
10. 安全隔离与信息交换产品（网闸）	吞吐量≥ 1Gbits 系统延时≤ 5ms
11. 反垃圾邮件产品	连接处理速率（连接 / 秒）> 100 平均延迟时间< 100ms
12. 网络综合审计系统	抓包速度≥ 5Gbits 记录事件能力≥ 5 万条 / 秒
13. 网络脆弱性扫描产品	最大并行扫描 IP 数量≥ 60 个
14. 安全数据库系统	TPC-E tpsE（每秒可交易数量）≥ 4500 个
15. 网站恢复产品（硬件）	恢复时间≤ 2ms 站点的最长路径≥ 10 级

抄送：中央国家机关有关部门。

国家互联网信息办公室秘书局 2017 年 6 月 1 日印发

共印 200 份

网络安全专用产品安全认证和安全检测任务机构名录（第一批）

国家认监委 工业和信息化部 公安部 国家互联网信息办公室 关于发布承担网络关键设备和网络安全专用产品安全认证和安全检测任务机构名录（第一批）的公告

　　根据《中华人民共和国网络安全法》《关于发布〈网络关键设备和网络安全专用产品目录（第一批）〉的公告》（国家互联网信息办公室、工业和信息化部、公安部、国家认监委公告 2017 年第 1 号），经确认，现将承担网络关键设备和网络安全专用产品安全认证和安全检测任务的机构名录（第一批）予以公布。

国家认监委

工业和信息化部

公安部

国家互联网信息办公室

2018 年 3 月 15 日

承担网络关键设备和网络安全专用产品安全认证
和安全检测任务机构名录（第一批）（略）